Springer-Verlag Berlin Heidelberg GmbH

Michael Limburg, 1940 in Berlin geboren, hält ein Ingenieurdiplom im Bereich der Telekommunikation. Er arbeitete mehrere Jahre in der Forschung und Entwicklung im Bereich von Fernsehsendern und -empfängern. Danach wurde er Mitarbeiter der Marketing/Vertriebsabteilung eines großen amerikanischen Herstellers auf dem Gebiet der Meß- und Regeltechnik. In diese Jahre fällt die Erteilung einiger Patente auf den genannten Gebieten sowie die erste Begegnung mit modernen digitalen Prozeßrechnern. 1976 begann er für einen führenden Hersteller von elektronischen Fotosatz- und Reprosystemen zu arbeiten und war verantwortlich für Vertrieb, Marketing und Produktplanung. Seit Mitte der achtziger Jahre arbeitete der Autor für einige große Anbieter im Bereich der grafischen Industrie und erlebte den Strukturwandel dieser Industrie hautnah mit. In den letzten Jahren baute er für einen großen Hersteller von Offsetdruckplatten den Geschäftsbereich Systeme mit auf und leitet für diese Sparte den Deutschlandvertrieb. Seit 1990 beschäftigt er sich intensiv mit der Systematik zum Thema Computer to Plate.

Michael Limburg

Der digitale Gutenberg

Alles was Sie über digitales Drucken wissen sollten

Zweite, überarbeitete und ergänzte Auflage
49 Abbildungen und 14 Tabellen

Springer

Michael Limburg
GSS-Grafik-System-Service
Hangstraße 31
D-52076 Aachen

Die erste Auflage erschien unter dem Titel:
Der digitale Gutenberg
Alles was Sie über Computer to Plate wissen sollten
© GSS-Grafik-System-Service, Aachen 1994

Die Deutsche Bibliothek – CIP-Einheitsaufnahme
Limburg, Michael: Der digitale Gutenberg: Alles was Sie über digitales Drucken wissen sollten; 14 Tabellen / Michael Limburg. – 2., überarb. und erg. Aufl. – Berlin; Heidelberg; New York; Barcelona; Budapest; Hongkong; London; Mailand; Paris; Santa Clara; Singapur; Tokio: Springer, 1997 (Edition PAGE).

ISBN 978-3-540-61204-9   ISBN 978-3-642-59079-5 (eBook)
DOI 10.1007/978-3-642-59079-5

Dieses Werk ist urheberrechtlich geschützt. Die dadurch begründeten Rechte, insbesondere die der Übersetzung, des Nachdrucks, des Vortrags, der Entnahme von Abbildungen und Tabellen, der Funksendung, der Mikroverfilmung oder der Vervielfältigung auf anderen Wegen und der Speicherung in Datenverarbeitungsanlagen, bleiben, auch bei nur auszugsweiser Verwertung, vorbehalten. Eine Vervielfältigung dieses Werkes oder von Teilen dieses Werkes ist auch im Einzelfall nur in den Grenzen der gesetzlichen Bestimmungen des Urheberrechtsgesetzes der Bundesrepublik Deutschland vom 9. September 1965 in der jeweils geltenden Fassung zulässig. Sie ist grundsätzlich vergütungspflichtig. Zuwiderhandlungen unterliegen den Strafbestimmungen des Urheberrechtsgesetzes.

© Springer-Verlag Berlin Heidelberg 1997
Ursprünglich erschienen bei Springer-Verlag Berlin Heidelberg New York 1997

Die Wiedergabe von Gebrauchsnamen, Handelsnamen, Warenbezeichnungen usw. in diesem Werk berechtigt auch ohne besondere Kennzeichnung nicht zu der Annahme, daß solche Namen im Sinne der Warenzeichen- und Markenschutz-Gesetzgebung als frei zu betrachten wären und daher von jedermann benutzt werden dürften.

Umschlaggestaltung: Künkel + Lopka Werbeagentur, Ilvesheim
Satz: QuarkXPress-Dateien vom Autor

Bindearbeiten: Triltsch, Würzburg
SPIN 10517376 – 33/3142 – Gedruckt auf säurefreiem Papier

Vorwort zur zweiten Auflage

Dieses Buch ist aus einer Reihe von Vorträgen entstanden, die ich zum selben Thema seit Anfang 1994 im In- und Ausland vor einer großen Zahl von Fachleuten aus grafischen Unternehmen, seien sie Anwender oder Lieferanten, halten durfte. Bei diesen Gelegenheiten fiel mir der große Hunger der Teilnehmer nach neutralen und verständlichen Informationen über die mit dem Thema „Computer to Plate" verknüpften Zukunftsfragen auf. Dieses Buch soll dazu beitragen, Grundlagenwissen zu schaffen, Verständnislücken zu schließen sowie Ahnung durch Wissen und Glauben durch Fakten zu ersetzen.

Es war allen Zuhörern klar, daß die grafische Industrie erneut vor vielfältigen und umfangreichen Prüfungen steht, vielleicht die radikalsten Prüfungen, die je zu bestehen waren. Aber wann und wie, besonders in bezug auf den eigenen Betrieb, die eigene Position, war den meisten Zuhörern unklar.

Beim Schreiben hatte ich eine bestimmte Struktur meiner zukünftigen Leserschaft im Sinne, deren Wünschen nach Informationsaufnahme der Aufbau dieses Buches gerecht werden soll. Den unermüdlichen Forschern, den Suchern nach Genauem, unter Einbeziehung aller Details, empfehle ich bis auf Kapitel 2 alle Kapitel gründlich zu lesen. Alle diejenigen aber, die nur einen ersten Einblick wollen, oder die zur Entscheidungsfindung (nur!!) eine fundierte Meinung brauchen, sollten das Kapitel 2, die Kapitel 4, 5 und 7, gegebenenfalls auch noch Kapitel 8 lesen.

Der Rest sollte das lesen, was ihm oder ihr am meisten Spaß macht. Dabei empfehle ich mit Kapitel 2 zu beginnen, über 3, 4 und 5 zu Kapitel 6 vorzustoßen, und dann noch Kapitel 1 hinzuzuziehen. Die Kapitel 7 und 8 runden das

Vorwort zur ersten Auflage

Gesamtbild ab. In Kapitel 9 findet der aufmerksame Leser das Stichwortregister und ein kurzes Glossar über Computerbegriffe.

Alle Kapitel enthalten harte, sorgfältig recherchierte Fakten, aber auch die ganz persönliche Meinung des Autors. Ich halte es für ganz wesentlich, Meinung ebenso deutlich zu äußern, wie klare Fakten. Wie sonst könnte Erfahrung weitergegeben werden? Ich rufe aber alle Fachleute auf, sofern sie anderer Meinung sind, diese zu äußern, und wenn sie andere, widersprechende oder weiterführende Fakten besitzen, mir diese mitzuteilen. Dafür wäre ich dankbar und bin gern bereit, in jeden Dialog einzutreten.

Ich hätte dieses Buch nicht schreiben können, ohne daß meine Frau, wenn auch zähneknirschend (so hoffe ich wenigstens), auf viele Urlaubsstunden und Wochenendtage in trauter Zweisamkeit verzichtet hätte, um ihrem Gatten, ohne bei ihm ein schlechtes Gewissen zu erzeugen, das Schreiben zu ermöglichen. Meinem Sohn Tobias danke ich für viele hübsche Computerentwürfe des Titels und einiger Zeichnungen. Der Seele der Dokumentationsfirma GSS – Grafik System Service – in Aachen, Herrn Ralph Fischer, danke ich für geduldige Durchsicht des Manuskriptes und die Übertragung in ein anmutiges Layout. Viele der Zeichnungen stammen überdies von ihm. Der Pfälzischen Verlagsanstalt in Landau, ihrem technischen Geschäftsführer Herrn Dr. Schumacher, dem Prokuristen und Betriebsleiter Herrn Lenk sowie seinen Mitarbeitern danke ich für die Bereitschaft, dieses Buch auf einer der wenigen CTP-Maschinen zu belichten, den Druck zu besorgen und auch sonst – manchmal ungewollt – zur Bereicherung meiner und ihrer Erfahrung beigetragen zu haben.

Die PVA in Landau war einer der ersten Betriebe in Deutschland, die weit vorausschauend den Mut und die Entschlußkraft aufbrachten, in das noch sehr junge Gebiet des „Computer to Plate" zu investieren. Der Einsatz war nicht nur im Schwarzweiß-Bereich vorgesehen, sondern von Anfang an auch im Vierfarbbereich.

Last, but not least, danke ich der POLYCHROME GmbH, deren Geschäftsleitung und Mitarbeiter mir jede

Vorwort zur ersten Auflage

Gelegenheit gaben, mein Wissen zu mehren und meine Arbeit in jeder Form unterstützten. Mein besonderer Dank gilt Herrn Peter Herting, der mir half, das Thema Offsetplatten zu bearbeiten und seine Kenntnisse in kritischer Durchsicht der entsprechenden Passagen einbrachte.

Das Buch wurde vollständig elektronisch erstellt. Die Texte wurden auf dem Macintosh Powerbook® 180 im Programm RagTime 3.2 geschrieben. Abbildungen wurden im Vektorformat im Programm Illustrator® 5.0 erstellt.

Das Layout wurde in QuarkXPress 3.2® erstellt, Bilder mit Büroscannern mit 300 dpi und 1.200 dpi gescannt und im Programm Photoshop 2.5® bearbeitet und komprimiert. Bei mehr Know-how in diesem Bereich unter Ausnutzung der zahlreichen Features dieses Programmes wären insbesondere die Farbscans sicherlich brillianter geworden.

Ausgeschossen wurden die Seiten zu Bögen mit der Linotype Hell Signastation®. Die Belichtung erfolgte mit 1.270 dpi auf einer Gerber Crescent® 42. Als RIP wurde eine Harlequine® RIP eingesetzt. Das verwendete Plattenmaterial war die CTX® Platte von der POLYCHROME GmbH. Die restliche Produktion verlief konventionell. Sie war aber trotzdem sehr spannend, weil es sich schließlich um mein erstes Buch handelt.

Michael Limburg

Aachen im Juni 94

Vorwort zur zweiten Auflage

Jetzt im Juli 96 sind die Arbeiten an der völlig überarbeiteten und erweiterten zweiten Auflage des Buches *Der digitale Gutenberg* abgeschlossen.

In den vergangenen zwei Jahren haben sich die in der ersten Auflage dargestellten Erwartungen und Erfahrungen erfüllt, bzw. bestätigt. Die Technologie hat eine Reife bekommen, die ihren Einsatz in den Druckereien nunmehr als besonders sinnvoll erscheinen läßt. Gleichzeitig hat eine hohe Zahl von Ankündigungen über verschiedene Möglichkeiten der Direktbelichtung von Platten für weitere Verwirrung bei den Druckern gesorgt, verstärkt durch eine neue Generation von direkt belichtbaren Platten, nämlich den Thermoplatten. Das hat zur Folge, daß immer noch sehr wenige Installationen weltweit aufgestellt wurden (zu diesem Zeitpunkt etwa 200). Den Druckereien geht es wirtschaftlich aber nicht besser, sondern eher schlechter. Die verloren gegangenen Spannen zwischen Kosten und Preis sind nicht wieder herzustellen. Das bedeutet, daß der Druck auf die Margen anhält und damit auch die Prozesse effizienter durchgeführt werden müssen, die bisher in einer Art Schutzzone lagen, nämlich der gesamte Vorstufenbereich und die Herstellung von Druckplatten. Obwohl erst wenige Drucker Erfahrung gesammelt haben, kann man aussagen, daß diese Erfahrung doch schon direkte Schlüsse zuläßt. Computer to Plate ist erwachsen geworden, die Anfangsschwierigkeiten sind zum größten Teil überwunden. Die Systeme, die installiert sind, produzieren effizient und kostensparend. Wettbewerbsvorteile lassen sich erarbeiten und gegenüber den langsameren Mitbewerbern ausbauen. Je nach Produktionsart und Auftragsstruktur sollte deswegen der Schritt, die Automatisierung in die Vorstufe hinein zu tragen mit Nachdruck

Vorwort zur ersten Auflage

und mit Wissen, aber vor allen Dingen in kurzer Zeit vollzogen werden. Nur so wird diese Industrie wettbewerbsfähig bleiben. Ich habe mich bemüht, den neusten Entwicklungen Rechnung zu tragen und habe das Thema auf Computer-to-Techniken erweitert. Heute finden wir den Wettstreit zwischen Computer to Film, Computer to Plate und Computer to Press Technologien, wobei keine Technologie die andere ablöst, sondern sie sich eher aufeinander aufbauend ergänzen. Trotzdem ist es gut über das Printmedium hinaus zu denken und sich Nachbargebiete anzuschauen, die den Kuchen eventuell kleiner werden lassen, durch Abgabe von Volumen an andere Techniken. Hier ist besonders die CD-ROM gemeint. Auch zu dieser neuen Technik ist einiges in diesem Buch zusammengetragen worden und wird dem Leser hoffentlich helfen, eine fundierte Meinung zu bilden. Die Ausgabe dieses Buches hat diesmal der Springer-Verlag übernommen, der mit seinem guten Ruf, seiner hervorragenden Vertriebskraft und einer exzellenten handwerklichen Ausführung dafür sorgen wird, daß auch die zweite Auflage weiten Kreisen zugänglich gemacht wird.

Gesetzt wurde das Buch, wie bisher auch, unter Benutzung von Quark XPress 3.3 auf dem Power Macintosh. Die Bilder und Grafiken wurden in Illustrator erstellt, bzw. in Ragtime errechnet. Den Satz besorgte mein Sohn Tobias Limburg, der immer mehr vom Bauingenieurstudenten zum Grafiker heranreift und ein gefälliges Auge für Formen und Proportionen entwickelt. Ich danke ihm für geduldige Änderungen auch in allerletzter Sekunde. Die große Übersicht über das umfassende CTP Angebot besorgte die Unternehmensberatung Michael Mittelhaus, die ich an dieser Stelle noch einmal besonders gerne erwähne. Die vorausgegangenen Diskussionen über das Warum und Wie für einzelne Lösungen haben mir als Autor viel genutzt und flossen als Ergebnis in den Text ein.

Michael Limburg, Aachen im September 96

Inhaltsverzeichnis

Einleitung 1

Der theoretische Unterbau 7

1.1 Laserlicht 7
1.2 Analoge oder digitale Rasterung 17
1.3 Die Farberkennung und Farbmischung 29
1.4 PostScript und Acrobat, was ist das? 33
1.5 Lichtempfindliche Schichten 41
1.5.1 Die Prinzipien der silberhaltigen Offsetplatten ... 45

Computer to Plate 49

2.1 Ein „Computer to Plate"-System 50
2.2 Ein „Computer to Press"-System 61

Die Prinzipien der Direktbelichtung 65

3.1 Die Aufgabe 66
3.2 Das Innentrommelbelichtungsprinzip 66
3.2.1 Die Funktion 67
3.3 Die Außentrommellösung 71
3.3.1 Die Funktion 71
3.4 Die Flachbett-Lösung 74
3.4.1 Die Funktion 75
3.5 Möglichkeiten und Grenzen der
     verschiedenen Prinzipien 79
3.6 Die Formate 80
3.6.1 Formate bis 1.400 x 1.700 mm 80

3.6.2	Formate bis 1.040 x 1.920 mm	83
3.6.3	Formate bis 813 x 1.067 mm	85
3.6.4	Formate bis 560 x 711 mm	86
3.6.5	Kleinformate bis zum GTO-Format oder etwas darüber	87
3.6.6	Zeitungsmaschinen	87
3.7	Zusammenfassung	89
3.7.1	Alle Belichter	89
3.7.2	Besonderheiten der Flachbettbelichtung	91
3.8	Allgemeine Probleme	92
3.9	Die verwendeten Platten für „Computer to Plate"-Anwendungen	93
3.10	Die beste Adressierbarkeit, die beste Auflösung	101
3.11	Checkliste zur Belichterauswahl	102

Die Wirtschaftlichkeit des Systems „Computer to Plate" 113

4.1	Retouche, Über-/Unterfüllung etc	116
4.1.1	Formproof oder Andruck (Blaupause)	117
4.1.2	Ausschießen und Markierungen, Passer	118
4.2	Platte belichten und online entwickeln	119

Die richtige Wahl 129

Die anderen Systemkomponenten für „Computer to Plate, ... Press, ... Film" 145

6.1	Der RIP, die Zwischenspeicher und Steuerrechner	147
6.2	Netz und Server	152
6.3	Proof-Belichter in s/w und Farbe mit oder ohne Zusatz-RIP	159
6.3.1	Schwarzweiß-Proof	159
6.3.2	Vierfarb-Proofs	161
6.4	Workstations und Scanner zur Vorverarbeitung	164
6.5	Die Auslegung von Workstations	169
6.6	Die Programme	172

6.6.1	Die Montage	172
6.6.2	Trappingprogramme oder das Überfüllen/Unterfüllen	175
6.7	Weitere wichtige Programme	177
6.8	Die Notwendigkeit der Kalibrierung	181

Die Menschen und die Betriebe 187

Andere digitale Verfahren und Ausblicke 197

Glossar und Stichwortregister 213

9.1	Glossar	213
9.2	Stichwortregister	218

Einleitung

Der Begriff „Computer to Plate" ist spätestens seit der IPEX 93 in Birmingham eines der wichtigsten Themen der Druck- und Vorstufenbetriebe. Doch statt der erhofften Klarheit, brachte die DRUPA 95 ein unübersehbares Angebot von CTP-Lösungen. Fachleute haben 34 verschiedene Systeme gezählt, die von 46 Original- und OEM-Anbietern vertrieben wurden. Demgegenüber stehen aber zum Jahresende 95 weltweit nur 170 Installationen, davon immerhin 42 in Deutschland und der Schweiz. Dieses Mißverhältnis begründet sich darin, daß die potentiellen Käufer entdeckt haben, daß es nicht reicht, „nur" eine Entscheidung zur besseren und schnelleren Erzeugung von Druckplatten zu treffen, sondern daß fast immer die ganze Vorstufenorganisation, häufig auch ein Großteil der betrieblichen Organisation neu zu bedenken ist. Investitionsentscheidungen zur weiteren Verbesserung der Druckvorstufen werden nun kritischer untersucht, konventionelle Lösungen zunehmend häufiger in Frage gestellt. Realistische Informationen zum Thema „Computer to Plate" sind dringender geboten denn je, die zu treffenden Investitionen sind teurer als früher und die Auswirkungen auf die Abläufe werden bestenfalls erahnt, aber noch nicht genau gewußt und schon gar nicht korrekt bewertet.

Diejenigen, die in den Betrieben entscheiden, Inhaber, Betriebsleiter oder speziell dafür abgestellte Technologen, suchen umfassende Informationen zu erhalten, um für ihren Betrieb heute und hier die richtigen Entscheidungen zu treffen. Umfassend heißt aber auch, daß das gesamte Umfeld neu betrachtet werden muß. Nicht nur der Computer, nicht

Einleitung

nur die Offsetplatte. Unbewußt steht hinter diesen sehr ungeduldigen Nachfragen die Angst, eventuell falsch zu entscheiden, gar etwas zu verpassen oder nicht früh genug mit „Computer to Plate" im eigenen Betrieb anfangen zu können.

Auf den folgenden Seiten werden wir für den Praktiker im Betrieb sehr ausführlich die einzelnen Themen erörtern. Insgesamt sollen sie eine Entscheidungshilfe sein, um die Frage: „Computer to Plate" jetzt und hier für meinen Betrieb? beantworten zu können. Zuvor sehr nützlich und zum besseren Verständnis wichtig, werden die wesentlichen Voraussetzungen, die aus vielen Branchen beigesteuert wurden, beleuchtet, um sie in Ihrem Umfang und ihrer Tragweite zu verstehen.

Die technische Revolution auf allen Gebieten des täglichen Lebens, aber insbesondere im Vorstufenbereich der grafischen Industrie, den Druckereien, schreitet unaufhaltsam fort. Wir alle meinen: mit ständig erhöhtem Tempo. Nach der Einführung des Fotosatzes in den 70er Jahren und der Reproscanner, der digitalen Bilderfassung und Bildausgabe sowie elektronischen Bildverarbeitungssystemen von Hell, Crossfield, Scitex und anderen haben wir ab Mitte der 80er Jahre auf breiter Front die Einführung von Desktop Publishing, kurz DTP, miterlebt. Es ist eine Ironie der Technikgeschichte, daß DTP nicht aus der grafischen Zulieferindustrie heraus entwickelt wurde, sondern von Außenseitern mit ganz anderen Absichten, nämlich von Apple Computer sowie Adobe und Aldus. Mit der Möglichkeit, Computerleistung an jeden Arbeitsplatz zu bringen und der immer weitergehenden Raffinesse und Produktivität der dazu angebotenen Software war es möglich, die einzelnen bisher streng getrennten Gewerke zusammenzufassen und diese Arbeiten auf einem oder auf mehreren Bildschirmarbeitsplätzen zu vereinen.

Mit der Integration von Bild und Text und dem Wunsch, die so erzeugten, vollständigen Seiten in einem Stück auszugeben, war der Anstoß gegeben, um Ganzseitenfilme zu erzeugen, den lästigen Klebeumbruch zu verlassen, und mit

Einleitung

hoher Qualität und (hoffentlich) großer Produktivität in einem Stück die erzeugten Daten weiterzureichen.

Mit der Einführung der ersten Macintosh-Rechner, später auch DOS-Rechner in den Vorstufenabteilungen der Betriebe wuchs gleichzeitig aber auch die Erkenntnis, daß nichts mehr so sein würde wie früher. Technische Hilfsmittel, um Satz zu erzeugen, waren völlig anders. Die Technik, um Bilder zu manipulieren, zu erfassen, zu retuschieren, zu korrigieren und hochaufgelöst wieder auszugeben, hatte sich völlig gewandelt. Die Kenntnisse, zum Aufstellen und Bedienen dieser Systeme waren nicht vorhanden und mußten mühsam aufgebaut werden. Gleichzeitig zeigte sich auch, daß fundierte Fachkenntnisse im Bereich der Bildverarbeitung, der Reprografie und im Bereich des Satzes, welche schon immer den guten Mitarbeiter vom schlechten unterschieden hatten, auch hier benötigt wurden, um zu guten Ergebnissen zu kommen. Gefragt war allerdings die Bereitschaft, sich neuen Dingen zu stellen, eventuelle Ängste aufzugeben, um mit den neuen Medien vielseitige Arbeiten zu lösen, die früher an vielen verschiedenen Stellen und oft neben- statt hintereinander durchgeführt wurden.

Man merkte aber auch, daß die Anforderungen an die installierten Systeme schneller wuchsen als ihre Möglichkeiten. Dadurch kam vielfach Ungeduld auf, wenn die erwartete Produktivität sich nicht sofort einstellen wollte. Auch Computer benötigen Zeit, um im Produktionsprozeß von Punkt A zu Punkt B zu gelangen. Diese Zeit wurde oft, aufgrund der Begeisterung des Anfangs, unterschätzt.

Die darauf folgende Ernüchterung war heilsam und rückte die neuen Möglichkeiten wieder in das rechte Licht. Nämlich, daß jeder einzelne Betrieb aus den neuen Möglichkeiten den besten Nutzen ziehen muß. Schließlich handelte es sich um Investitionen in der Größenordnung zwischen 200 TDM und 1 Mio. DM, so daß die Frage berechtigt war, ob das Ganze sich wohl rechnet oder nicht.

Gleichwohl kam bei vielen der Wunsch auf, die so fabrizierten Ganzseiten zu einer ausgeschossenen Form zusam-

Einleitung

menzustellen und diese in einem oder mehreren Stücken vollständig auszugeben.

Die ersten Lösungsansätze dazu konnte man 1989 und 1990 bewundern. Die DRUPA zeigte erste Produkte, um „Computer to Plate" zu realisieren. Vorgelagert war von den ehemaligen Repro- und Fotosatzherstellern das Angebot, „Computer to Film" in größeren Formaten als bisher auszugeben. Dieses Angebot – insbesondere nachdem die elektronische Industrie schnellere Scanner und Peripherie zur Verfügung stellte – wurde und wird rege genutzt.

Die eigentliche Dynamik zur Lösung von Problemen bei der Erzeugung von Ganzseiten und ausgeschossenen Formen kamen und kommen jedoch von der Elektronik-Industrie insgesamt und kaum von den Herstellern der grafischen Industrie.

Anfang 1991 und 1992 war ein regelrechter Schub zu beobachten. Ausgelöst durch die Verfügbarkeit von sehr viel schnelleren Rechnern mit immer größeren Speichern – verbunden mit immer schnellerer Datenübertragung über die verschiedensten Kommunikationsmittel – wurden die Anbieter in die Lage versetzt, Probleme des Aufbereitens von Bild und Textdaten in hoher Auflösung und in Farbe, welche bisher nur schlecht oder unbefriedigend gelöst waren, vernünftig und zufriedenstellend zu lösen.

Die eingesetzte Software nahm sich dann immer mehr den Problemstellungen des täglichen Arbeitsablaufes in einer modernen Reproanstalt oder einem Satzbetrieb an. Sie wurde in ihrer Bedienbarkeit immer raffinierter, mit immer mehr Eigenschaften angereichert, zum Teil komplizierter, zum Teil aber auch vereinfacht.

Daß diese verschiedenen Komponenten sinnvoll zusammenspielen können, ohne auf das spezielle Know-how und den guten Willen von Einzelnen zurückgreifen zu müssen, ist im wesentlichen den internationalen Standards zu verdanken. Grafik-Standards wie PostScript, Bildformate wie *PICT* oder *TIFF*, Kompressionsformate wie JPEG oder MPEG waren zwingend nötig, um von vielen Seiten den Fortschritt in der elektronischen Bearbeitung zu ermöglichen.

Einleitung

Die angebotene Hardware wurde nicht nur schneller, sondern gleichzeitig auch billiger. Sie benutzte standardisierte Betriebssysteme wie von Apple Macintosh System 7, Windows oder Unix. Die breite, preiswerte Verfügbarkeit von Betriebssystemen und akzeptierten Standards setzten wiederum viele kleine und große Softwarehersteller in die Lage, Problemlösungen zu schaffen, in immer raffinierterer Form aufzubereiten und den Anwendern zur Verfügung zu stellen.

Man kann ohne Übertreibung sagen, daß die Nachfrage der grafischen Industrie allein wohl nicht genügt hätte, um das Thema „Computer to Film", „Computer to Plate" oder „Computer to Press" heute einer breiten Öffentlichkeit zugänglich zu machen. Die hohe Verfügbarkeit der entsprechenden Hardware, Software und Datenkommunikation war auf breiter Front Auslöser für diese Entwicklung. Erst im Zusammenwirken von Lösungen aus unterschiedlichen Branchen kamen Branchenlösungen hoher Akzeptanz zustande.

Trotzdem wären alle diese Angebote nur exotische Spielereien geblieben, wenn nicht die Betriebe gleichzeitig unter dem ständig zunehmenden Druck gestanden hätten – und immer noch stehen – ihre Produkte besser, schneller und billiger zu erzeugen. Der Marktdruck mit seinen vielfältigen Einwirkungsmöglichkeiten verlangt von den Betrieben, auch im Vorstufenbereich, weitere Investitionen, um die Stückkosten zu senken sowie den Anteil der Vorstufenkosten an den Kosten des Gesamtproduktes weiter zu verringern.

Die immer geringer werdenden Auflagen bei gleichzeitig hohem Qualitätsanspruch zwingen einen jeden Betrieb, immer wieder aufs neue seine bisherigen Produktionsstrukturen zu überdenken und die Verteilung von Ressourcen neu zu bestimmen. Waren 1985 noch 30-35% der Kosten an einem Druckprodukt durch die Vorstufen bestimmt und 60-65% durch Papierkosten, Druckkosten und Endfertigung entstanden, so belaufen sich heute die Vorstufenkosten oft auf 40-45% der Gesamtkosten – oder manchmal noch mehr. Im Klartext heißt das: Die Nachfrage nach CTP-Lösungen wird im wesentlichen stimuliert durch die Notwendigkeit der

Einleitung

Betriebe, ihre Vorstufenkosten im Verhältnis zu den Gesamtaufwendungen zu senken. Gleichzeitig müssen die Durchlaufzeiten weiter verringert werden. Das wird aber nur gelingen, wenn man in diesen Bereichen schneller und billiger produzieren kann.

Dieses Buch soll den Leser dazu in die Lage versetzen, für seinen Betrieb auf fundierter Basis bessere Entscheidungen zu treffen, um dadurch im ständigen Konkurrenzkampf auch morgen noch bestehen zu können.

Der theoretische Unterbau

Kapitel 1

Es ist sehr nützlich, sich die theoretischen Grundlagen anzueignen, die im Zusammenwirken erst „Computer to Plate" ermöglichen. Es ist aber nicht zwingend. Sie können – ohne ein schlechtes Gewissen zu haben – dieses Kapitel überschlagen und sich gleich den praktischen Lösungen und Fragen der Folgekapitel zuwenden.

1.1 Laserlicht

Was ist Licht? Was ist ein Laser?
Wir alle wissen, daß Laserlicht eine besondere Art von Licht ist; und wir meinen zu wissen, was Licht selber ist. Ich glaube, daß glücklicherweise die meisten von uns wohl jeden Tag in der Lage sind, Licht als solches zu erkennen, aber deswegen die Natur des Lichtes bisher nur oberflächlich oder gar nicht kennen. Um dem abzuhelfen, folgt nun ein kleiner Ausflug in die Quantenphysik, jedoch so aufbereitet, daß jeder Normalgebildete verstehen kann, was hier ausgeführt wird.

Licht ist bei seiner Entstehung eine Fülle von kleinsten möglichen Energiepaketen, nämlich Lichtquanten. Sie werden als Photonen bezeichnet. Photonen gehören zu den Elementarteilchen wie auch Elektronen, Protonen, Neutronen etc.

Obwohl den Menschen von Anbeginn der Lichteindruck über ihre Augen geläufig war, ist die Physik erst seit dem 17. Jahrhundert darangegangen, die Natur des Lichtes zu ergründen. Während Newton, der große, alles

Der theoretische Unterbau

überragende englische Physiker des 17. Jahrhunderts, und später auch Goethe (der nicht nur dichtete, sondern auch als ernst zu nehmender Naturforscher gesehen wird) von einer Partikelstrahlung ausgingen, – sie postulierten das Licht als aus kleinsten Einheiten bestehend –, so setzte sich wenig später die Überzeugung durch, daß Licht eine Energieform ist, die in der Art einer Welle vom Ort ihres Entstehens zum Empfänger übertragen wird. Christian Huygens, ein niederländischer Physiker, wies als erster nach, daß Licht eine Welle ist, die durch den für diese Zwecke postulierten Äther mit extrem hoher Geschwindigkeit von knapp 300.000 km/s übertragen wird.

Generationen von Physikern machten sich dann daran, diesen Äther zu finden. Da Wellen ein Medium brauchen, in dem sie schwingen können, wie der Schall in der Luft oder die Wasserwelle im Wasser, konnte die Theorie von Huygens nur aufgehen, wenn ein tragendes Medium vorhanden ist, in dem das Licht als Welle schwingt. Denn offensichtlich ist Licht in der Lage – anders als Schall – auch den vermeintlich leeren Raum zu überbrücken. Man brauchte also den Äther, um diesen Widerspruch zu erklären.

Es war ein Jammer, aber trotz allen, zum Teil sehr geistreichen Bemühungen wurde der Äther nie gefunden. Dem Kummer setzte dann der schottische Physiker James Clark Maxwell (1831–1879) ein Ende, der den Feldbegriff in die Physik einführte und die damit verbundenen Eigenschaften als Eigenschaften des Raumes selbst definierte. Er formulierte die Gesetze, nach denen sich elektromagnetische Felder entwickeln und ausbreiten und schrieb sie als die Maxwellschen Feldgleichungen nieder. Damit war Licht als Bestandteil des elektromagnetischen Spektrums identifiziert. Als der junge Albert Einstein im Jahre 1905 daranging, seine spezielle Relativitätstheorie zu veröffentlichen, hatte er im Vorfeld theoretische Überlegungen angestellt, wie es denn wohl käme, daß das seltene Erden-Element Selen bei Lichteinfall elektrische Ströme erzeugt. Es war das Prinzip der Photozelle, das ihn interessierte. Dieser Effekt ließ sich nur dann erklären, wenn man annahm, daß Licht doch aus kleinsten Partikeln besteht, die bei ihrem Auftreffen auf das

Selen Elektronen aus ihren Kernumlaufbahnen herausschlagen. Diese Elektronen lassen sich dann als elektrischer Strom messen. Er formulierte dazu die Idee von den Lichtquanten, welche diese Arbeit zu leisten imstande sind.

Damit ließ sich die Huygensche Auffassung vom Licht als Welle nicht mehr so recht halten, und man kehrte zu der von Newton und Goethe vertretenen Korpuskulartheorie zurück. Heute weiß man, daß Licht sowohl Teilchen als auch Welle ist. Beim Entstehen und Vergehen ist Licht eine Teilchenstrahlung, bei der Überbrückung von Entfernungen verhält es sich als Welle. Je nach Betrachtungsart sind Meßergebnisse vom einen wie vom anderen Zustand zu erwarten. Uns interessieren hier beide Formen des Lichtes, nämlich die Teilchenform und die Wellenform.

Wie entsteht Licht?

Die anschaulichste Erklärung lieferte Niels Bohr, der große dänische Physiker, mit seinem sehr vereinfachten Atommodell. Bei diesem Atommodell kreisen um den zentralen schweren Kern, bestehend aus Protonen und Neutronen, die Elektronen auf festen Kreisbahnen. Dieses Atommodell von Bohr ähnelt weitestgehend dem Planetenmodell des Sonnensystems und hat sich als sehr anschaulich bewährt und sich auch als ziemlich richtig herausgestellt.

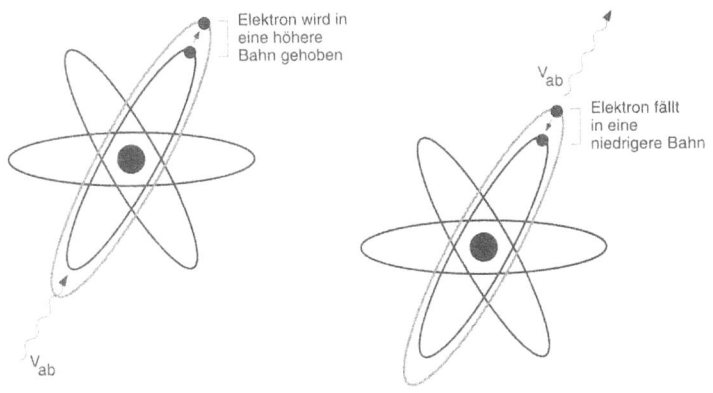

Bild 1:

Elektronenbahnen und Photonenausstoß

Bild 1 zeigt sehr anschaulich, wie die Elektronen den Kern umkreisen. Elektronen sind Teilchen negativer Ladung. Im Kern sitzen Protonen mit positiver Ladung, die zur

Der theoretische Unterbau

Vermeidung von Abstoßungseffekten (Pole gleicher Ladung stoßen sich ab!) durch Teilchen ohne Ladung, Neutronen genannt, zusammengebacken werden. Damit nun die Elektronen mit ihrer negativen Ladung nicht in den Kern mit seiner positiven Ladung hineinstürzen, müssen sie ihn umkreisen. Sie stürzen sozusagen um den Kern herum. Stellen Sie sich den Kern z.B. als eine erbsengroße Kugel vor, so kreist das 1. Elektron auf einer Kreisbahn im Abstand von etwa 107 m um diesen Kern. Dazwischen ist nichts. Oder fast nichts. Wenn wir von Atomen und auch Molekülen sprechen, so reden wir vom fast leeren Raum. Dieser leere Raum wird jedoch durch Kraftfelder gefüllt, die die Bewegung der Teilchen zueinander beeinflussen und über die auf eine komplizierte Weise den Elektronen Energie zugeführt werden kann. (V_{ab} in Bild 1, links)

Diese Energie kann thermischer, chemischer oder elektrischer Art sein. Wird ein passendes Energiequant zugeführt, so kommt es unter bestimmten Umständen dazu, daß das Elektron auf die nächsthöhere Bahn, die es umlaufen darf, katapultiert wird. Das Elektron absorbiert diese gewisse Energiemenge und kreist nun auf einer höheren Umlaufbahn um den Atomkern als zuvor. Zu einem bestimmten Zeitpunkt, der sich grundsätzlich nicht voraussagen läßt, fällt dieses Elektron spontan von der höheren Umlaufbahn auf seine ursprüngliche Umlaufbahn zurück und gibt dabei diese Energie als „Teilchen" wieder ab. Dieses Energieteilchen ist ein Photon und saust sofort mit Lichtgeschwindigkeit davon. Das ist Licht.

Dieser Vorgang passiert viele, viele Male, wenn z.B. ein Streichholz angezündet oder eine Glühlampe betrieben wird. Die chemische „Hebeenergie" des Phosphors und des Anreißens genügen, um Energie zuzuführen und das Streichholz zu „zünden", das heißt leuchten zu lassen. Die aus der Verbrennung resultierende Energie dient dazu, die Elektronen in die höheren Umlaufbahnen zu schaufeln. Beim Rückfall in die unteren Kreisbahnen werden Lichtquanten emittiert oder ausgesandt. Vom Streichholz wird das sichtbare Licht erzeugt. (V_{ab} in Bild 1, rechts)

1.1 Laserlicht

Je nach Energie des Photons, d.h., je nachdem wie groß der Unterschied zwischen den Umlaufbahnen ist, die das Elektron durchquert, ist die Farbe des Lichtes unterschiedlich. Je höher die Differenz ist, desto höher ist auch die Lichtenergie, desto kurzwelliger ist der Lichtstrahl, der erzeugt wird. Dieses so erzeugte Licht ist je nach Mischung der verschiedenen Photonen in der Farbe unterschiedlich, häufig rötlich bis weiß. Außerdem wird das Licht nach allen Richtungen hin abgegeben.

Mit dem Erkennen dieser Zusammenhänge war die Möglichkeit gegeben, eine andere Lichtart mit ganz besonderen Eigenschaften zu erzeugen, nämlich das Laserlicht. Der Begriff Laser steht für eine Abkürzung aus

Light
Amplification by
Stimulated
Emission of
Radiation,

zu deutsch: Lichtverstärkung durch angeregte Aussendung von Strahlung.

Theodore Maiman, ein junger amerikanischer Wissenschaftler, zeigte 1961 einem staunenden Wissenschaftlerpublikum den ersten brauchbaren Laser, einen Rubinlaser. Dieser strahlte ganz besonderes Licht in ganz besonderer Art und Weise aus. Es gehört dazu eine spezielle Einrichtung, die die Lichterzeugung auf neue Art ermöglichte und die in den folgenden Jahren auf sehr, sehr vielen Gebieten die Technik revolutionierte.

Was passiert da? Einer besonderen Lichtquelle, in diesem Falle ein Rubinstab, wird eine bestimmte Energie mit fester Wellenlänge in bestimmten zeitlichen Abständen zugeführt. Diesen Vorgang der Energiezuführung nennt man in diesem Falle pumpen. Dazu wurde um den Rubinstab ein Glasrohr mit einer Quecksilberdampflampe (wie bei einem Lichtblitzgerät) gewickelt, die in regelmäßigen Abständen Lichtblitze sehr hoher Intensität erzeugte. Die Elektronen im Rubin wurden auf diese Weise ange-

Der theoretische Unterbau

regt (stimulated), auf eine höhere Energiebahn zu klettern. Kurz darauf, sozusagen beim nächsten Anregungsschub, löste (induzierte) ein vorbeikommendes Photon den Rückfall des Elektrons auf die niedere Bahn aus. Das heißt, im Unterschied zur spontanen Lichterzeugung werden die Elektronen zu bestimmten Zeiten veranlaßt, gemeinsam auf die frühere Energiebahn zurückzukehren und dabei ein Photon auszustoßen.

Das bedeutet, durch Zuführung eines Photons, das den Rückfall auslöst, wird ein weiteres Photon vom Elektron abgestoßen. Wenn nun beide Photonen die gleiche Energie haben, dann haben sie auch die gleiche Wellenlänge und durch die Anregung durch das 1. Photon auch den gleichen Takt.

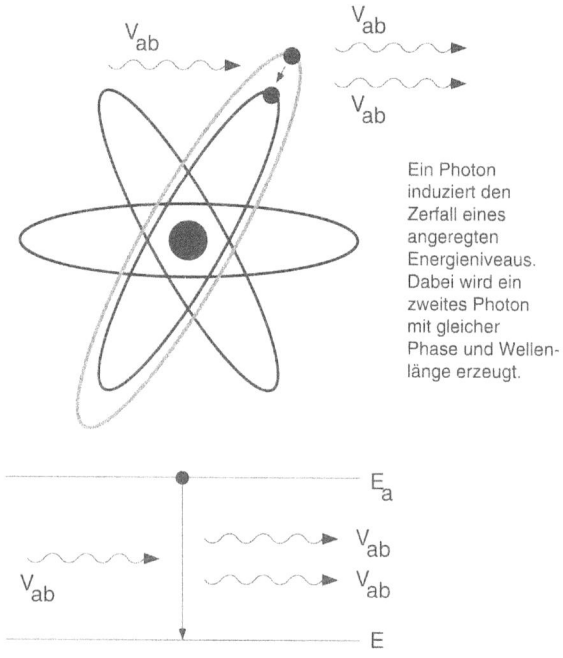

Bild 2:
Erzeugung von Laserlicht durch Photonendopplung

Ein Photon induziert den Zerfall eines angeregten Energieniveaus. Dabei wird ein zweites Photon mit gleicher Phase und Wellenlänge erzeugt.

Bild 2 zeigt eine Prinzipdarstellung dieses Vorganges. Zur Vereinfachung sind bei der unteren Skizze des Bildes 2 die Elektronenbahnen flach gezeichnet. Man spricht dann von sog. Valenzbändern. Die Skizze zeigt den gleichen Vorgang, nämlich Anregung und Emittierung eines weiteren Photons.

1.1 Laserlicht

Damit sind auch schon die wichtigsten Merkmale von Laserlicht beschrieben. Laserlicht hat sozusagen von Hause aus drei wesentliche Eigenschaften, die man mit normalen Glüh- oder Gasentladungslampen nur äußerst kompliziert durch aufwendige technische Mittel erreichen kann.
Diese Eigenschaften sind:

- Kohärenz, zeitliche und räumliche Kohärenz
- Kollimation
- Monochromasie

Kohärenz bedeutet, daß Laserlicht zeitlich und räumlich im gleichen Takt schwingt, d.h., alle Einzelwellen erreichen zum gleichen Zeitpunkt ihr Maximum und zum nächsten gleichen Zeitpunkt auch ihr Minimum und das sowohl zeitlich als auch räumlich.

Kollimation heißt, daß die Laserstrahlen extrem gleichgerichtet sind, also parallel aus der Lichtquelle austreten. Aus der Öffnung des Lasers tritt ein sehr paralleler, nur wenige Bruchteile von Bogensekunden aufweitender Strahl aus. Eine derartige Gleichrichtung kann sonst nur äußerst umständlich und bei weitem nicht so eng, durch Spiegel und Linsensysteme (Kollimatoren) erzeugt werden. Die Geringfügigkeit des Aufweitens von Laserstrahlen wurde dramatisch unter Beweis gestellt, als man durch die Astronauten 1969 auf dem Mond einen Rückstrahler installierte (das ist im wesentlichen nichts anderes als ein „Katzenauge"). Dieser reflektierte einen von der Erde ausgesandten Laserstrahl in sich zurück. Er wurde auf der Erde empfangen und zur äußerst präzisen Bestimmung der Entfernung zwischen Erde und Mond verwendet.

Ohne die Verwendung eines Laserstrahles mit extrem geringer Auffächerung wäre ein derartiger Versuch nicht möglich gewesen, da selbst hochwertige Scheinwerferbatterien weder von der Leistung noch von der Auffächerung her in der Lage gewesen wären, genügend Energie auf den Mond zu transportieren und diese wieder zurückstrahlen zu lassen.

Der theoretische Unterbau

Monochromasie bezeichnet die Eigenschaft des Laserlichtes, nur in einer Wellenlänge, d.h. monochrom (eine Farbe), zu strahlen. Im Gegensatz zum Licht der Glühlampe, oder Leuchtstoffröhre oder des Streichholzes, das immer in sehr vielen, sehr unterschiedlichen Wellenlängen ausgestrahlt wird und das uns als Summenlicht weiß oder rötlich erscheint, besteht Laserlicht nur aus einer Wellenlänge oder nur sehr wenigen Wellenlängen. Dadurch ist gewährleistet, daß diese Wellenlänge die gesamte Energie enthält und sich entsprechend an optischen Einrichtungen wie Prismen oder Linsen nur wie eine Wellenlänge verhält. Korrekturen, wie sie oft in Form von Farbvergütungen bei Lichtoptiken Verwendung finden, sind dafür nicht nötig.

Die Bilder 3a–c zeigen als Prinzipdarstellung die Eigenschaften der Kohärenz, der Kollimation und der Monochromasie.

Seit Einführung 1961 wurden viele Möglichkeiten entdeckt, Laserlicht zu erzeugen. Je nach gewünschter Anwendungsart wurden die Laser speziell auf die Aufgabe konstruiert und in den verschiedenen Einsatzbereichen verwendet. Mit ihren Wellenlängen decken heutige Laser etwa eine Bandbreite vom Ultraviolett bis zum tiefen Infrarot ab. Sie reichen damit von etwa 0,2 µm bis hin zu ca. 10 µm Wellenlänge. Im militärischen Bereich werden auch spezielle Röntgenlaser eingesetzt. Das sind Laser, die im sehr energiereichen Röntgenspektrum strahlen.

Im grafischen Bereich werden überwiegend Edelgaslaser wie die Helium-Neonlaser und Argon-(Ionen)-Laser eingesetzt. Deren Licht ist im Farbbereich zwischen blau und rot angesiedelt. Ferner gibt es noch Diodenlaser oder Halbleiterlaser, die im Rot- und Infrarotbereich strahlen. Aufgrund der geschilderten Eigenschaften sind Laserstrahlen sehr energiereich und lassen sich durch geeignete Maßnahmen auf kleinste Flächen bündeln. Mit relativ gut beherrschten Mitteln hat man eine Lichtquelle, die einen sehr feinen Punkt erzeugt und gleichzeitig in diesem Punkt eine hohe Energiedichte gewährleistet. Damit sind ideale Voraussetzungen geschaffen, um lichtempfindliche Materialien, wie sie auf Film- oder Plattenoberflächen eingesetzt

1.1 Laserlicht

a. Kohärenz

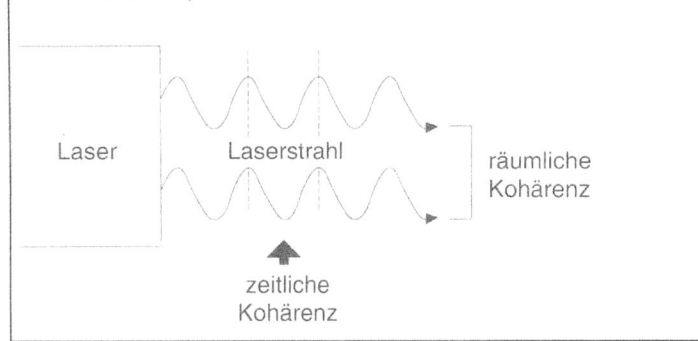

b. Kollimation

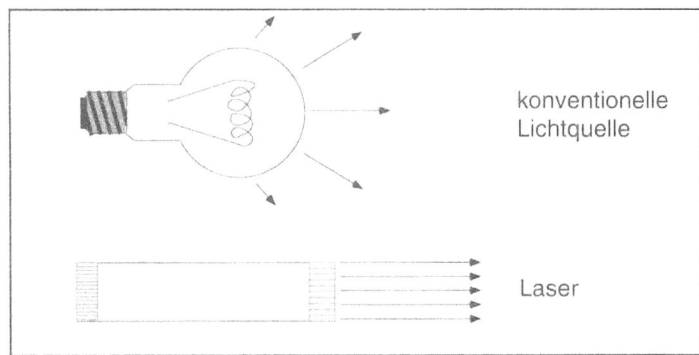

c. Monochromasie

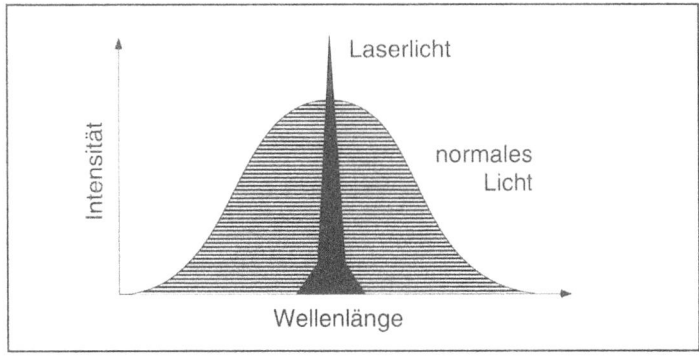

Bild 3:
Darstellung der
Lasereigenschaften

werden, zu belichten. Bild 4 zeigt einen Überblick über das gesamte Spektrum elektromagnetischer Wellen.

Es reicht von der Ultralangwelle – wie sie im Unterwasserfunk eingesetzt werden – über die Kurz-, Mittel-

Der theoretische Unterbau

und UKW-Wellen, über das sichtbare Licht, bis hin zur Röntgen- und Gammastrahlung. Unser Auge erkennt nur den grau eingefärbten Bereich dieses Spektrums. Er ist, wie man sieht, ausgesprochen eng.

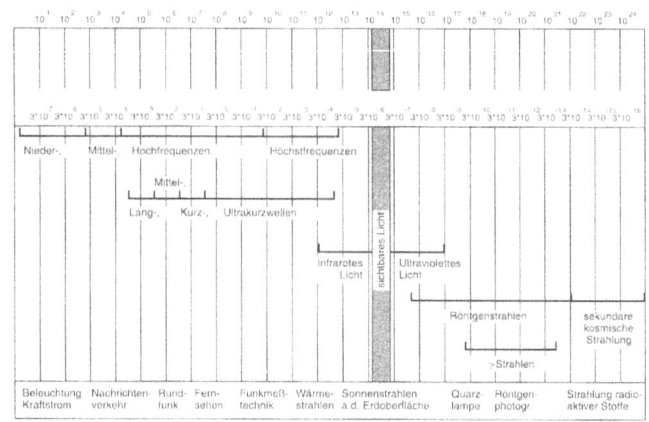

Bild 4:
Frequenzspektrum und sichtbares Licht

Bild 5 zeigt die heute schon recht umfassende Abdeckung von verschiedenen, für Wirtschaft und Wissenschaft interessanten Spektralbereichen durch geeignet konstruierte Laser. Mit der Verfügbarkeit von kleinsten, schnell ablenkbaren Laserpunkten hoher Energiedichte ist die Möglichkeit gegeben, Bilder, anders als beim Farb- oder Schwarzweißfoto, nicht flächenhaft, sondern in Punkte aufgelöst darzustellen.

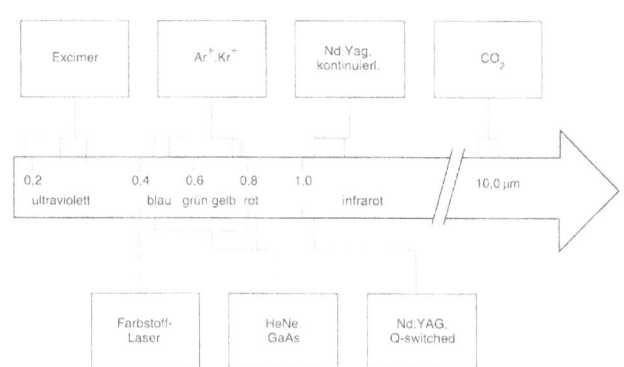

Bild 5:
Frequenzspektrum und Laserarten

1.2 Analoge oder digitale Rasterung?

Die Druckindustrie hat es schon von Anfang an verstanden, Halbtonbilder (digital) zu rastern, um sie anschließend drucken zu können. Schließlich ist die Notwendigkeit, sich auf vier Farben beschränken zu müssen und diese jeweils nur als Vollton auf das Papier bringen zu können (also Farbe oder keine Farbe), eine sehr klare Form der digitalen Übertragung. Sie zwang die Techniker und Wissenschaftler schon sehr früh, sich nach Möglichkeiten umzusehen, um ein Bild, das als Halbton aufgenommen wurde, genügend genau und genügend schön drucken zu können. Farbe vorhanden oder Farbe nicht vorhanden ist ja nichts weiter als eine digitale Aussage, wie ja oder nein.

Die Einführung von Glas- oder Strichrastern vor sehr vielen Jahren stellt also schon einen ersten wichtigen Schritt zur Digitalisierung von Bilddaten dar. Aufgrund der eingesetzten Technik sind diese Rasterungen heute in der Kategorie „analoge" Raster einzuordnen.

Warum analog?
Eine Halbtonfläche wird durch ein Raster in einer Reihe von Punkten größerer oder kleinerer Fläche aufgelöst. Schaut man sich diese Punkte unter dem Mikroskop an, so erkennt man sehr deutlich, daß die Größe der Fläche den Schwärzungsgrad darstellt, während der Abstand der Flächen zueinander einer festen Folge entspricht. Der Abstand bleibt also unverändert, während sich je nach Flächendeckung die Größe der Fläche ändert (siehe Bild 6). Dieses Bild zeigt ein Raster mit 50% Flächendeckung bei 200-facher Vergrößerung.

Der theoretische Unterbau

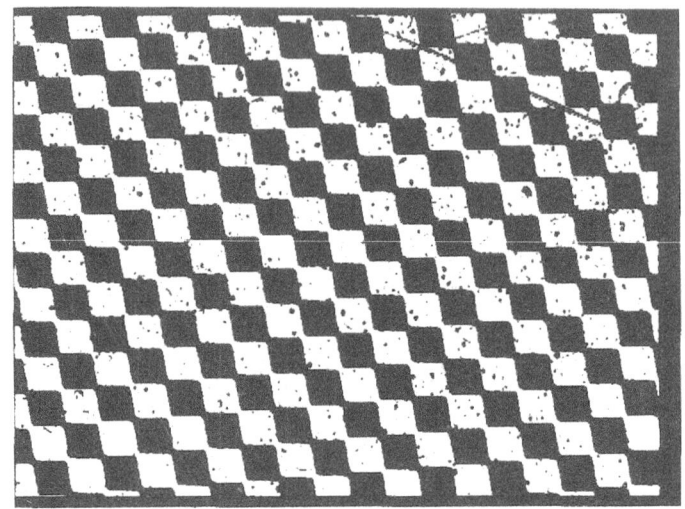

Bild 6:
UGRA-Raster mit 50%
Flächendeckung bei
200facher Vergrößerung

Trägt man die Flächengröße auf die senkrechte Achse einer gedachten Kurve auf und legt auf die waagerechte Achse die Abstände der Flächen zueinander, so erhält man eine Kurve, deren Amplitude sich entsprechend der Flächendeckung verändert, während die Abstände immer gleich bleiben. Die Form einer derartigen Kurve entspricht einer „amplitudenmodulierten" Schwingung mit fester Frequenz und sich ändernder Stärke oder Amplitude. Bild 7 zeigt diese Zusammenhänge schematisch.

1.2 Analoge oder digitale Rasterung?

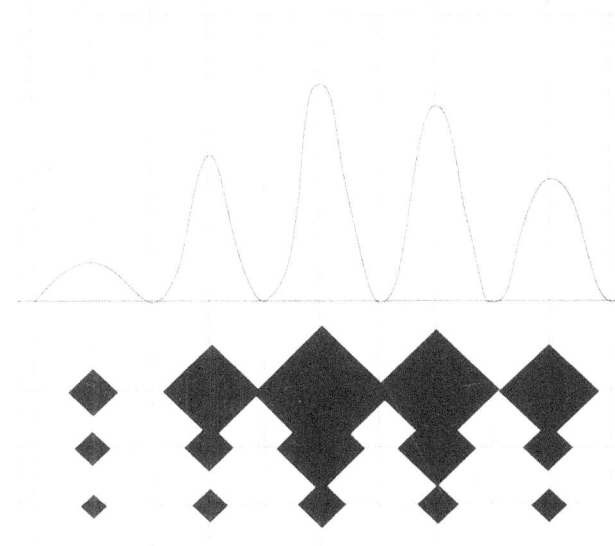

Bild 7:
Analograster mit variabler Fläche (Amplitude)

Das heißt, obwohl wir beim Drucken (immer) schon digital vorgehen, ist die Abbildung der Flächen analog. Leider ist bei diesem Verfahren und der Erzeugung von Farbbildern die Entstehung von Moiré-Mustern eingebaut. Entsprechende Maßnahmen müssen daher getroffen werden, um das zwangsläufig entstehende Moiré bei der Wiedergabe von Farben zu minimieren. Insbesondere die Hersteller von elektronischen Scannern haben hier Pionierarbeit geleistet, um die optimalen Winkel der Rasterungen zueinander zu bestimmen und damit das Moiré zu vermindern. Bild 8 verdeutlicht die Entstehung von Moirés.

Der theoretische Unterbau

Bild 8:
Moiré-Entstehung durch mechanische Rasterung und Drehung

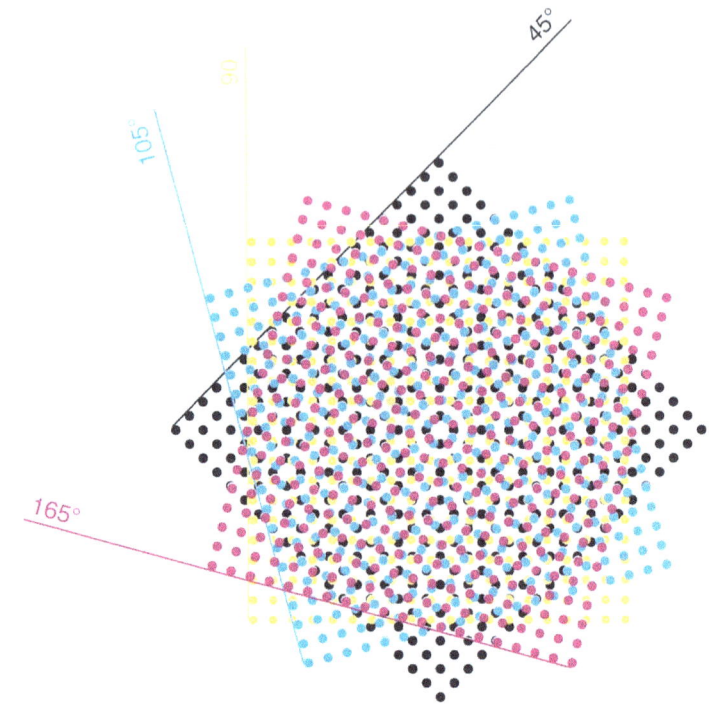

Digitale Aufzeichnung – digitale Rasterung

Durch die Erzeugung von Laserpunkten, die kleiner sind als der kleinste analoge Rasterpunkt, besteht die Möglichkeit, diese analogen Rasterpunkte nachzuzeichnen oder aber einen eigenen digitalen Weg der Aufzeichnung zu gehen. Waren die ersten Laser- und Filmrecorder noch so gestaltet, daß sie analoge Rasterwinkel und Rasterweiten, d.h. die entsprechenden Rasterpunkte, nachzeichneten, so hat sich mit zunehmender Verbreitung dieser Technik eine neue Möglichkeit ergeben, Rasterpunkte aufzuzeichnen, die unter dem Oberbegriff „Frequenzmodulierte Raster" heute überall für Aufregung sorgt.

1.2 Analoge oder digitale Rasterung?

Was versteckt sich hinter dem Begriff „FM-Raster"?
Man hat nunmehr die Möglichkeit, kleinste Punkteinheiten in sehr unterschiedlicher Verteilung als Abbild des zu übertragenden Fotos auf die Unterlage zu bringen, und kann diese in ihrer Fläche jeweils gleich groß lassen. Gleichzeitig muß man, um die gewünschte Flächendeckung zu erreichen, an verschiedenen Orten der zu bedeckenden Flächen eine unterschiedliche Anzahl von Punkten aufzeichnen. Bild 9 zeigt das Prinzip eines Digitalrasters bei 50% Flächendeckung und 200facher Vergrößerung.

Diamond Screen
50% Flächendeckung
200:1

Bild 9:
Prinzip des Digitalrasters

Man erkennt sehr deutlich, daß die Punkte viel feiner verteilt sind als vorher und alle in sich jeweils die gleiche Größe haben. Wenn wir nun wieder die Größe der Punkte als Amplitude auftragen und ihren Abstand zueinander auf der Horizontalachse einzeichnen, dann erkennen wir, daß ein Kurvenzug entsteht mit gleicher Höhe, aber unterschiedlichen Abständen der Kurven zueinander. Ein derartiges Gebilde entspricht in seiner Wirkung und Mathematik einer frequenzmodulierten Welle. Deswegen spricht man in diesem Fall von Frequenzmodulation. Bild 10 verdeutlicht den Zusammenhang.

Der theoretische Unterbau

Bild 10:
Flächendeckung und
Frequenzmodulation

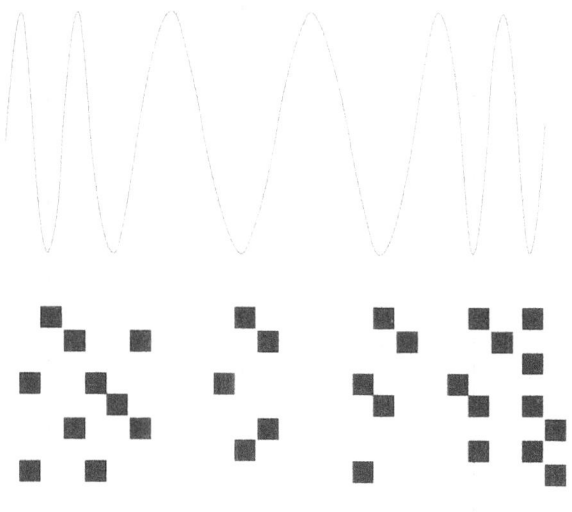

Heute lassen sich sehr unterschiedliche Methoden finden, um die Punkte optimal anzuordnen. Marketingleute haben Begriffe wie Kristallraster und Diamantraster eingeführt, die aber nur verschiedene Methoden kennzeichnen, um ein FM-Raster zu erzeugen.

Erkennbar wird für den Praktiker, daß die frequenzmodulierten Raster wesentlich feinere Punkte auf die Platte oder den Film bringen und damit eine gleichmäßigere Tondeckung bewirken. Es leuchtet ein, daß Moiré-Effekte bei dieser Art der Übertragung wenig oder gar nicht in Erscheinung treten. Mitunter treten jedoch andere Störeffekte auf, wie die sogenannte Clusterbildung oder Haufenbildung.

Wichtig für den Praktiker ist herauszuheben, daß mit dem Einsatz von frequenzmodulierten Rastern der Betrieb in die Lage versetzt wird, mit weniger Auflösung ein mindestens gleich gutes Druckprodukt in allen vier Farben zu erzeugen. Er vermindert damit die Anforderungen an die Gesamtauflösung, die Übertragung von Punktwerten und die entsprechenden Durchlaufzeiten durch das gesamte System. Einige wenige Betriebe werden die Möglichkeiten

1.2 Analoge oder digitale Rasterung?

des frequenzmodulierten Rasters dahingehend nutzen wollen, daß sie höhere Auflösungen als heute fahren, um noch einmal die Qualität ihrer Druckprodukte, insbesondere im Vierfarbbereich, nach vorne zu schieben. Man muß sich aber darüber im klaren sein, daß damit auch die Anforderungen an die Güte der Aufzeichnungsgeräte wesentlich steigen, und gleichzeitig die Durchlauf- und Produktionszeiten verlängert werden. Je nachdem, auf welche Weise der Betrieb versucht, sich im Marktgeschehen zu profilieren, wird die eine oder andere Methode gewählt werden.

Adressierbarkeit und Auflösung
Mit der Festlegung der Adressierbarkeit und Auflösung bei der Aufzeichnung ist die Frage nach der Feinheit und der Anzahl der Punkte pro Flächeneinheit gestellt. Leider gehen die Begriffe Auflösung und Adressierbarkeit noch häufig durcheinander. Insbesondere wird der Begriff Auflösung allein für die Feinheit der Aufzeichnung und damit für die erreichbare Qualität genommen. Es ist auch Zweck dieses Buches, hier zu einer eindeutigen Klarstellung zu kommen und dem Leser die Gelegenheit zu geben, die entsprechenden Angaben der Hersteller kritisch zu prüfen und für seine eigenen Belange in Bezug zu setzen.

Wir haben festgestellt, daß Laserpunkte eine sehr hohe Energiedichte haben und auf sehr kleine Durchmesser eingestellt werden können. Trotzdem sind auch Laserpunkte kleiner und kleinster Durchmesser keine homogenen oder Rechteckstrahler, sondern haben eine sehr unterschiedliche Energieverteilung innerhalb ihres Brennfleckes.
Bild 11 zeigt die typische Energieverteilung eines Laserpunktes, gemessen über dem Strahldurchmesser.

Der theoretische Unterbau

Bild 11:
Typische Energieverteilung eines Laserpunktes

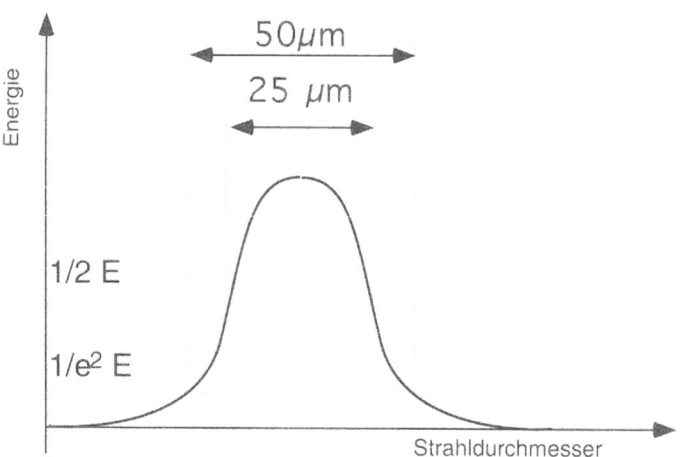

Die Energieverteilungskurve hat die Form einer Glocke und folgt damit dem Gaußschen Verteilungsgesetz. Je nachdem, welchen Schnittpunkt der Hersteller als Bezugswert angibt, hat der gleiche Laserstrahl einen größeren oder kleineren Durchmesser. Eingebürgert haben sich bisher 2 Schnittwerte:

1. der Schnittwert des Durchmessers, der sich ergibt bei 50% (also E/2) der Maximalenergie E in der Mitte des Strahles, oder

2. der Schnittwert des Durchmessers bei Energie Emax $1/e^2$. Einer Energie, die sich als Prozentsatz aus dem Wert $1/e^2 \times E_{max}$ errechnet.

Die Zahl e hat den Wert 2,785... und damit ist $1/e^2$ eine recht kleine Zahl, der zugehörige Durchmesser also recht groß!
Wie man sieht, kann also der gleiche Laserstrahl, je nach dem welchen Schnittwert man angibt, unterschiedliche Durchmesser haben. Zur Schwärzung der lichtempfindlichen Emulsion trägt erst eine bestimmte Energiemenge bei. Es ist aber auch leicht einzusehen, daß nicht nur die Energie des Laserstrahles selbst und der damit verbundene Durchmesser für die Feinheit des Punktes bestimmend ist, der auf der Platte oder dem Film erzeugt wird, sondern auch die Steilheit der Schwärzungskurve, die der jeweiligen Emulsion zugrunde liegt. Laserenergie und Steilheit *zusam-*

> 1.2 Analoge oder digitale Rasterung?

men bilden dann den druckbaren Punkt, der vom Laserstrahl erzeugt wird.

Richtet man nun einen so erzeugten Laserstrahl auf eine Fläche, so wollen die Konstrukteure der Maschine auf der lichtempfindlichen Schicht eine möglichst gleichmäßige Abdeckung bei gleicher Schwärzung erreichen. Gleichzeitig sollen aber auch feinste Kanten und Rundungen naturgetreu abgebildet werden. Um zu verstehen, wie diese zum Teil widersprüchlichen Forderungen unter einen Hut gebracht werden können, teilen wir dazu die zu belichtende Fläche in eine Art Planquadrat ein. Bild 12 zeigt im oberen Teil vier verschiedene „Laserpunkte" mit unterschiedlichen Durchmessern, die alle die gleiche Auflösung nach gängiger Definition zeigen würden. Jeweils im Kreuzungspunkt einer Koordinate, wird ein Laserpunkt angebracht oder weggelassen. Wie man erkennen kann, ist die in Zeile 1 angeordnete Reihe gekennzeichnet durch große Abstände zwischen den Punkten, während die Zeile 9 eine sehr deutliche Überlappung der Punkte zeigt. Es ist leicht einzusehen, daß jeder dieser Punkte unterschiedliche Ergebnisse bei der praktischen Verwendung bringen würde. Deswegen ist es wichtig zu wissen, daß diese Art der Anordnung nur durch die Adressierbarkeit bestimmt wird, während die Auflösung selbst aus Adressierbarkeit *und* Punktdurchmesser besteht.

Übliche Abbildungsverfahren sehen in etwa aus wie die überlappenden Punkte in Zeile 9. Damit können auch enge Kurven oder scharfzackige Bilder genügend genau abgebildet werden. In jedem Falle werden die Laserpunkte überlappend angeordnet. Die Zahl der Laserpunkte pro Längeneinheit gibt dann das Maß der Adressierbarkeit. Adressierbarkeiten, wie sie heute verwendet werden, fangen ungefähr bei 300 dpi oder 11 Punkten/mm an, wie sie Bürolaserdrucker erzeugen, und gehen hoch bis zu etwa 5.000 dpi oder 200 Punkte/mm, wie sie Hochleistungsrecorder bringen.

Nochmals zur Erinnerung: Adressierbarkeit *und* Strahldurchmesser zusammen sind erst maßgebend für die erreichbare Auflösung.

Der theoretische Unterbau

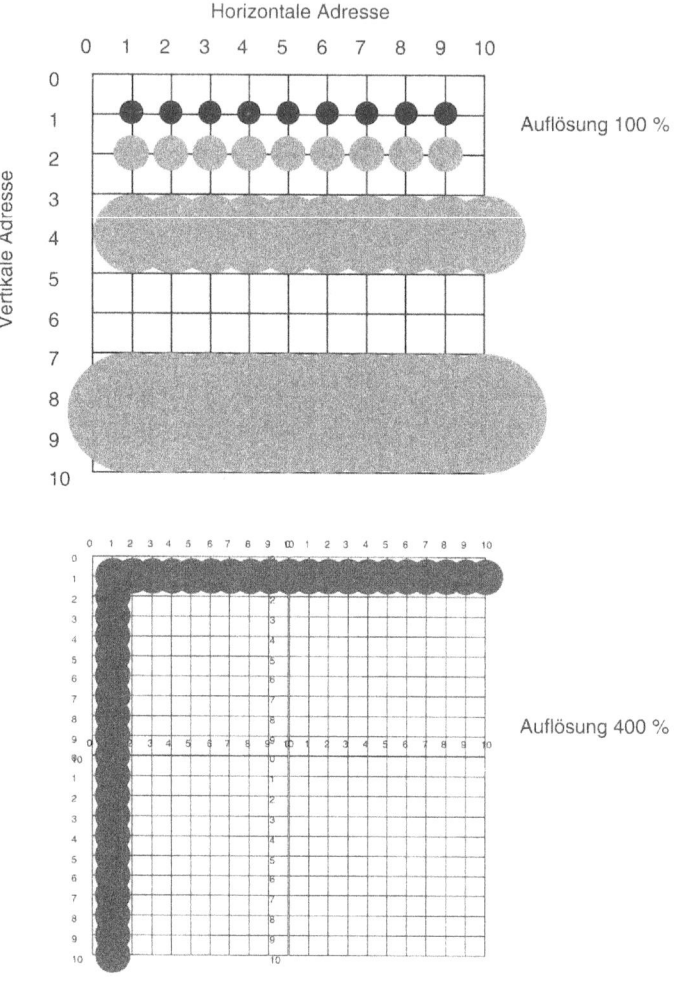

Bild 12:
Auflösung und Adressierbarkeit

Der zweite Teil des Bildes 12 zeigt die Wirkung einer verdoppelten Adressierbarkeit. Wenn nämlich die Forderung gestellt wird, z.B. von 300 auf 600 dpi oder von 11 auf 22 Punkte/mm zu erhöhen. Das bedeutet in Wirklichkeit, daß die vierfache Punktmenge auf die Fläche aufgebracht werden muß. Alle wesentlichen RIP - Systemkomponenten müssen dann die 4fache Menge an Punkten durchsetzen. Für den Praktiker heißt das, daß jede Verdoppelung der Auflösung eine quadratische Steigerung der Anforderung an die Leistung wichtiger Systemkomponenten mit sich bringt, und nicht nur eine linear doppelte. Unter Umständen kann das zu einer so starken Erhöhung der Durchlaufzeiten und damit der Gesamtplatzkosten führen, die vom Erlös nicht mehr gedeckt werden.

1.2 Analoge oder digitale Rasterung?

Auflösung, Rasterweite und Tonwertumfang
Häufig wird zur Bestimmung der erforderlichen Rasterweite nur die Auflösung als bestimmender Parameter herangezogen. Das ist zwar nicht ganz falsch, aber ist auch nicht richtig. Die zu erreichende Endqualität einer Drucksache wird ganz entscheidend von drei Parametern bestimmt, nämlich der Auflösung des Belichters, des zu haltenden Tonwertumfanges und der Rasterweite. Diese drei Größen hängen über eine quadratische Gleichung zusammen, deren Lösungen in der folgenden Grafik (Bild 13) dargestellt sind. Je nach Druckmaschine und Papier sowie verlangter Endqualität wird eine bestimmte Rasterweite vorzuwählen sein. Druckmaschine und Papier bestimmen den maximalen Tonwertumfang, der überhaupt erreicht werden kann. Bei einer Zeitung auf der Rolle ist das sicherlich weniger als bei gestrichenem Papier auf einer hochwertigen Bogenmaschine. Der Tonwertumfang, oder anders ausgedrückt, die Zahl der Graustufen, die der Druckprozeß übertragen kann, bestimmen die zu wählende Rasterweite und die einzustellende Auflösung. Die Kurven der Grafik zeigen eindrucksvoll, daß sich auf diesem Feld viel verbessern aber auch verschlechtern läßt. Alles was links von der gewählten (Auflösungs)kurve liegt, kann an Graustufen ausgegeben werden, alles was rechts davon liegt, ist nicht mehr darstellbar. Da bei den Direktverfahren der „first generation dot" erzeugt wird, mithin die Qualität auf jeden Fall besser wird, gilt auch hier die Devise: Weniger ist mehr!

Der theoretische Unterbau

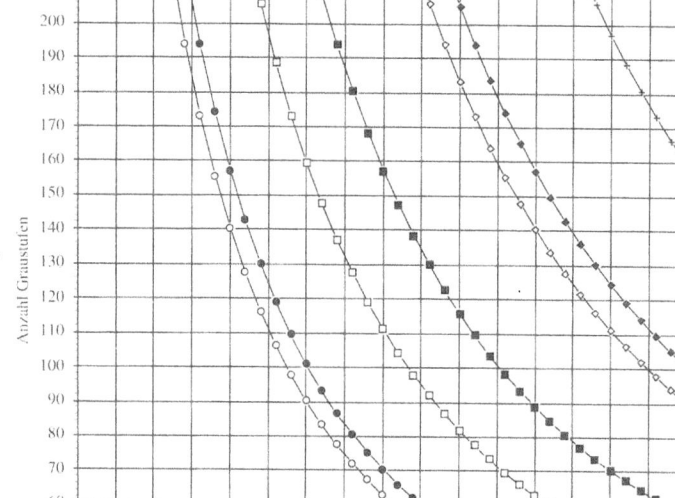

Bild 13:
Auflösung, Rasterweite und Tonwertumfang

1.3 Die Farberkennung und Farbmischung

Wir alle wissen oder haben es irgendwann einmal erlernt, daß das Erkennen von Farbe ein höchst subjektiver Vorgang ist.

Physikalisch existieren Farben nicht, physikalisch existieren nur unterschiedliche Wellenlängen – oder anders ausgedrückt, unterschiedliche Frequenzen im sichtbaren Spektralbereich.

Daß das Auge trotzdem Farbe zu erkennen und zu differenzieren vermag, liegt am Aufbau des Auges, das vereinfacht ausgedrückt über lichtempfindliche Zellen verfügt, die als Zäpfchen bekannt sind. Diese erzeugen in einem komplizierten Vorgang aus dem angebotenen sichtbaren Licht den Farbeindruck. Es ist viel über diese Thematik geschrieben und geforscht worden. Erst in den letzten Jahren ist das Wissen um das Entstehen des Farbsehens richtig erkannt und entsprechend beschrieben worden. Insbesondere hat der deutsche Wissenschaftler Ewald Hering (1834 bis 1918) die Grundlagen gelegt, die in den letzten Jahren auch anerkannt wurden. Der Mensch sieht nämlich keineswegs die drei Komplementärfarben und separat Grau. Die Zäpfchen erkennen (mit glockenförmiger Verteilung) Wellen mit Maximumwerten bei Violett mit 419 nm, bei Grün mit 531 nm und bei Gelbgrün mit 558 nm Wellenlänge. Diese Lichteindrücke werden nicht direkt ins Sehzentrum des Gehirns geschleust, sondern erst an besondere vorgeschaltete Empfänger, sogenannte Bipolarzellen, weitergegeben. Vier verschiedene Arten von Bipolarzellen wirken jeweils in Paaren zusammen. Sendet die eine Zelle mehr Signale in ihrer Farbe, sendet die andere Zelle weniger. Aus der Differenz dieser beiden Farbsignale entstehen im Gehirn die Farbeindrücke. Die Farben, die gesendet werden, sind immer Komplementärfarben. Erst die Vorverarbeitung des Signales der Zäpfchen erzeugt also unsere 3 Grundfarben Rot, Grün, Blau und als viertes Schwarz. Um diesen komplizierten Sachverhalt zu verstehen, hat man die Netto-Meßwerte – also das Farbsehen des Auges – in Form eines etwas verquollenen Dreiecks dargestellt. Das „Farbdreieck"

Der theoretische Unterbau

umschließt alle Farben und kennzeichnet ihre Werte, die das menschliche Auge im statistischen Durchschnitt erkennt.

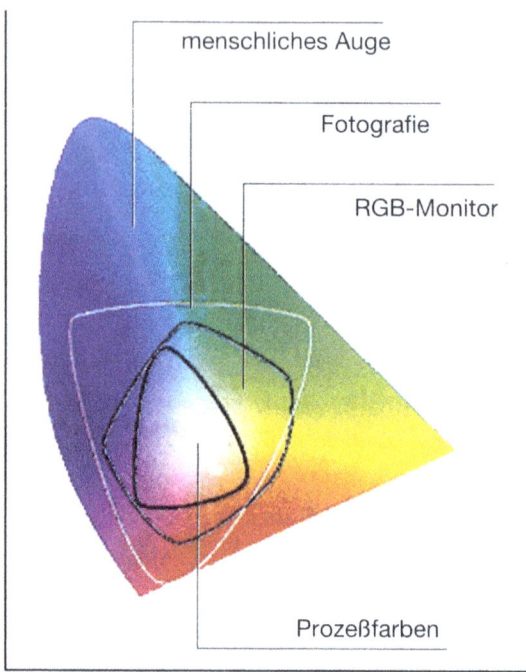

Bild 14:
Sichtbare Farben
im Farbdreieck

Die Darstellung zeigt eine vereinfachte Form des Farbdreieckes. In einer anderen Darstellung erscheint das Farbdreieck als Farbkegel oder Pyramide. Man spricht dann vom Farbraum. Bleiben wir bei der Darstellung als Farbdreieck. Im Mittelpunkt der Achsen ist die (nicht)Farbe Weiß angesiedelt. Weiß entsteht durch Ineinanderfließen von allen Spektralfarben oder durch ein Herunterfahren der Sättigung einer Farbe zum Wert 0.

Die drei in das Koordinatensystem eingezeichneten Achsen zeigen in Richtung Grün, Blau und Rot, oder in einem Winkel von 60 Grad dazu versetzt Cyan, Magenta und Gelb. Alle Farben auf diesen Achsen sind „reine" Farben, welche die Phosphore eines Bildschirmes oder die Druckfarben erzeugen können. Die in das äußere Dreieck eingeschlossenen Farben sind der Bereich, den durchschnittliche Menschen mit ihren Augen erkennen können. Das nächstkleinere, etwas gerundete Dreieck, das innerhalb des

1.3 Farberkennung, Farbmischung

Augfarbdreieckes liegt, kann durch den fotografischen Film mit seinen drei Farbschichten erfaßt werden. Das heißt, eine Dia-Vorlage wird weniger Farben enthalten, als das menschliche Auge erfassen kann.

Noch kleiner als der fotografische Umfang innerhalb des Farbdreieckes ist das Farbdreieck, den ein guter Bildschirm füllen kann. Dabei ist noch nicht einmal berücksichtigt, daß Bildschirmfarben auf andere Weise zustande kommen, als Druckfarben. Und das kleinste, stark gerundete Dreieck in diesem Schema ist der Bereich, den Druckfarben abdecken. Man sieht deutlich, daß in jedem Falle, von einem kleinen inneren Dreieck einmal abgesehen, wo Druckfarben und Augenerlebnis deckungsgleich sind, die Druckfarben einen Kompromiß darstellen zwischen dem wirklichen Farberlebnis und der Möglichkeit, dieses abzubilden.

Erschwerend kommt hinzu, daß beim Einsatz von „Computer to Film" oder „Computer to Plate"-Mitteln die Bildinhalte durch einen Bildschirm und seine Farbmöglichkeiten dargestellt werden. Die Bildschirmfarbe wird durch selbstleuchtende Chemikalien erzeugt, die durch den Elektronenstrahl angeregt ihre Farbsignale aussenden. Durch die enge Anordnung der Farbpigmente zueinander entsteht im Auge in additiver Farbmischung der Gesamtfarbeindruck. Werden die drei Primärfarben additiv im richtigen Verhältnis gemischt, so entsteht immer der Gesamteindruck „weiß".

Völlig anders ist das bei den Druckfarben, die ja voll deckend sind und übereinander oder nebeneinander gesetzt werden. Die Farbe entsteht bei diesem Prozeß durch Mischung der einzelnen Farbeindrücke, aber auch durch Herausfilterung von Spektralanteilen aus dem auftreffenden Licht. Die nicht herausgefilterten Farbanteile werden zurückgestreut. Sie sind also vom Gesamtlicht abgezogen, daher subtraktiv. Das ist dann die Farbe, die das Auge erkennt.

Der theoretische Unterbau

Bild 15:
Beispiel für additive
Farbmischung

Diese subtraktive Farbmischung (Bild 16) beim Drucken gibt im Mischungsverhältnis und in ihrem Gesamteindruck ein völlig anderes Farberlebnis als die additive Farbmischung. Nur als Beispiel sei angemerkt, daß bei richtiger und idealer Mischung der Grundfarben Cyan, Gelb und Magenta in subtraktiver Weise die Endfarbe Schwarz sein wird. Da sie es aber so gut wie nie ist, sondern eher ein verwaschenes braunes Grau, muß Schwarz als vierte Grundfarbe hinzugefügt werden.

1.4 PostScript und Acrobat

Bild 16:
Beispiel für subtraktive Farbmischung

1.4 PostScript und Acrobat, was ist das?

Eine sehr wichtige Komponente der Standards zum Datenaustausch ist die vielen schon bekannte Seitenbeschreibungssprache oder besser die Seitenbeschreibungs- und Programmiersprache „PostScript". Ergänzt wird dieser bereits etablierte Industriestandard durch die zusätzliche, nicht nur plattformübergreifende, sondern auch anwendungsprogrammunabhängige Sprache ACROBAT von Adobe Systems. Uns verpflichtet die Bedeutung von PostScript und ACROBAT PDF, ausführlich auf die Entstehungsgeschichte und Funktion von PostScript und seiner Erweiterungen einzugehen.

PostScript wurde Anfang der 80er Jahre von den Wissenschaftlern Chuck Geschke und John Warnock entwickelt. Zur weiteren Entwicklung und Vermarktung dieser Sprache gründeten beide die Fa. Adobe Systems in den USA. Die Arbeiten beider Adobe-Gründer gehen zurück auf intensive Untersuchungen und Forschungen des PARC (Palo-Alto-Research-Center der Fa. Xerox in Kalifornien). PARC hat sich Anfang der 70er Jahre mit besseren Ein- und Ausgabemöglichkeiten zur Steuerung von Computern

Der theoretische Unterbau

beschäftigt und dabei die entsprechenden Grundlagen geschaffen, mit Computern zu kommunizieren, bzw. deren Ausgaben auf anderen beliebigen Ausgabegeräten zu ermöglichen. Auch die vielfach eingesetzte Maus und die symbolische Bildschirmsteuerung Windows oder System 7 mit dem Finder gehen auf Arbeiten von PARC zurück.

Der große Verdienst (auch im finanziellen Sinne des Wortes) von Geschke und Warnock liegt nun darin, die künftigen Marktführer wie Apple, Hewlett Packard, Canon, sowie IBM überzeugt zu haben, daß ihre Seitenbeschreibungssprache PostScript als geräteunabhängiger Standard von allen gemeinsam verwendet wird, und für alle, insbesondere auch für die Anwender, von großem Nutzen sein wird. Daß dies von Adobe erreicht wurde, obwohl die Firma eine recht rigorose Lizenz- und Abnahmepolitik verfolgte, ist ein Triumph von cleveren Marketingfachleuten, aber auch ein Nutzen für uns alle.

Heute sollte kein System mehr installiert werden, ohne daß PostScript Level 2 eingesetzt ist. Es ist eine wesentliche

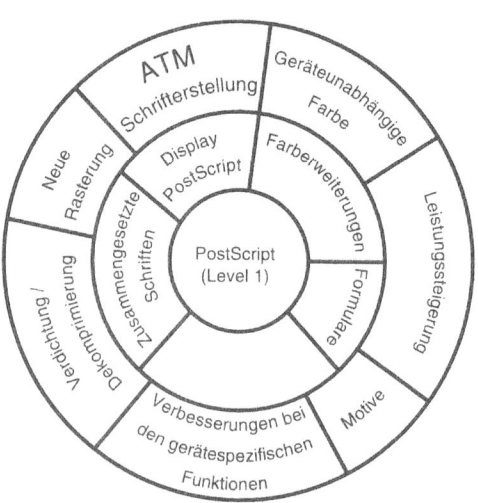

Bild 17
PostScript Level 2;
Schalen:

Weiterentwicklung dieses Standards. Level 2 ermöglicht nicht nur die grafische Umsetzung von Bildern und Texten, sondern bietet auch eine deutliche Leistungserweiterung mit der Farbseparierung von mehrfarbigen Seiten und im Datenhandling. Viele Routinen wurden vorgesehen, um den Durchsatz zu beschleunigen. Dazu gehört eine eingebaute

1.4 PostScript und Acrobat

Datenkompression und -dekompression, dazu gehören aber auch Routinen, die eine Datei nur auf Veränderungen hin untersuchen, d.h. eine in Arbeit befindliche Seite bei Änderungen nicht jedesmal von vorn aufbauen. Eine Eigenschaft, die die Korrektur sicher stark beschleunigt, weil das Rippen deutlich schneller wird.

Wie aber arbeitet PostScript? Um das zu verstehen und beurteilen zu können, müssen wir etwas tiefer in die dieser Sprache zugrundliegende Philosophie einsteigen. PostScript ist nicht nur, wie mehrfach erwähnt, eine standardisierte Seitenbeschreibungssprache, die es gestattet, aus einer Anweisung von Befehlen (siehe Beispiel auf Seite 37) Fotos oder Texte als Rasterseite aufzubauen. PostScript ist auch eine Programmiersprache. Damit können Programmierer ihre Maschinen auf die Verwendung von PostScript-Signalen optimieren. Für uns ist es wichtig zu wissen, daß man mit dieser umfassenden Sprache so gut wie alle Aufgaben, die in der Grafikbearbeitung vorkommen, lösen und auf jeder Ausgabeeinheit ausgeben kann, die PostScript versteht.

Und das sind heute so gut wie alle. Damit wird der Anwender endlich von der Fesselung der geschlossenen Systeme befreit und kann die für seine Belange optimale Konfiguration zusammenstellen.

Um ein Foto oder auch eine Textseite aus einzelnen Rasterseiten aufzubauen, muß jedes Signal, das der Computer in der Eingabe (Tastatur, Bildschirm, Modem etc.) entgegennimmt, so interpretiert werden, daß daraus entsprechende Anweisungen berechnet werden, die in möglichst knapper Form und auf mathematisch einwandfreie Weise, den Inhalt dieses Bildes oder Textes wiedergeben. Damit das möglich wird, muß in dem verwendeten Rechner jeder einzelne Befehl, jedes einzelne Bildsegment darauf untersucht werden, wie sich seine Inhalte in geometrische Formen aufteilen lassen und, geeignet miteinander verbunden, abzulegen sind.

Der theoretische Unterbau

Am besten läßt sich diese Aufgabe am Beispiel einer schrägliegenden Geraden, Bild 18, darstellen. Diese Gerade kann man leicht mit einer mathematischen Formel

$$y = mx + b$$

beschreiben. Diese vielleicht für einige von Ihnen noch bekannte Formel aus der analytischen Geometrie beschreibt jeden Punkt in y durch entsprechende Vergabe von Punkten auf der x-Achse. Denn tatsächlich ist jeder Punkt der Geraden durch diese Formel bestimmt.

Bild 18:
Gerade in der analytischen Geometrie

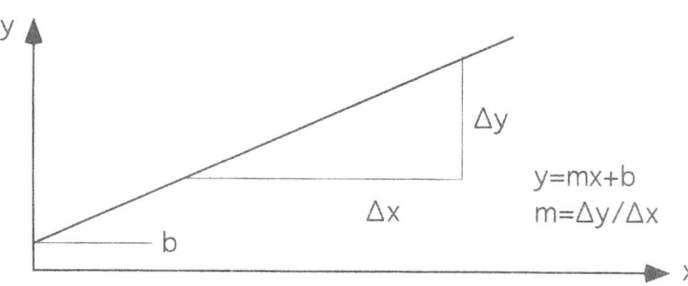

Was noch fehlt, ist unter Umständen der Startpunkt der Geraden sowie der Endpunkt und ihre Breite (oder Dicke). Wie wird im Rechner aus einer Geraden eine Formel? Man muß dem Rechner dazu eine oder mehrere Anweisungen geben, diese Gerade, sofern sie auf den Bildschirm gezogen wurde, als eine Folge von Punkten so zu interpretieren, daß sie dieser Grundfunktion – nämlich **y = mx + b** – entsprechen. Der Rechner macht dies auch brav, genau so, wie es ihm sein PostScript-Programmierer vorgegeben hat. Ebenso macht er es dann auch mit Kreisen, Ovalen, Ellipsen und miteinander verbundenen geometrischen Formen der verschiedensten Art. So gesehen ist auch ein Schriftzeichen nichts anderes als eine Ansammlung von geometrischen Kurven, die in geeigneter Form zusammengebracht wurden, um vom menschlichen Auge als Schriftzeichen (zum Beispiel als Buchstabe „G" der „Times") erkannt zu werden. Solange die geometrischen Strukturen klar definiert im Rechner abgelegt sind, zum Beispiel bei der Eingabe eines Buch-

1.4 PostScript und Acrobat

stabens in bestimmter Schrift über die Tastatur, oder auf Grund der Fähigkeit eines Zeichen- oder Bildprogrammes in klare Elemente zerlegt werden kann, solange kann der Vorgang des Wandelns einer geometrischen Form in Formeln und Anweisungen automatisiert werden.

Dafür ist zwar ein erheblicher Rechenaufwand zu leisten, der viel Zeit, selbst in Hochleistungsmaschinen, beanspruchen kann. Die Wandlung in ein solches PostScript-Format hat dann aber den Vorzug, daß die gesamte Seite mit all ihrem Inhalt in ziemlich knapper Form erscheint. Demzufolge beansprucht die Seite auch bei der Zwischenspeicherung und der Weiterleitung im Datenstrom wenig Platz und wenig Zeit.

Da ferner diese Kodierung völlig unabhängig davon ist, auf welche Weise diese Datei später ausgegeben wird, sei es in Papierform, auf dem Bildschirm oder als eine Folge von Signalen auf einem Modem, ist die so kodierte Originalform wirklich geräteunabhängig umgewandelt worden.

Als Beispiel, wie eine solche PostScript-Codierung aussehen kann, haben wir eine Seite dieses Buches umgewandelt. Der folgende PostScript-Text ist, wie wir sehen, eine reine Textanweisung und zeigt einen geringen Teil der PostScript-Anweisung der 1. Seite (die auch nur Text enthält) dieses Kapitels.

%%BeginProcSet: „(AppleDict md)" 71 0
userdict/LW{save statusdict/product get(LaserWriter)anchorsearch exch pop{dup length 0 eq{pop 1}
{(Plus)eq{2}{3}ifelse}ifelse}{0}ifelse exch restore}bind put
userdict/patchOK known not{save LW dup 1 ne exch 2 ne and

false<1861AEDAE118A9F95F1629C0137F8FE656811DD93DF
BEA65E947502E78BA12284B8A58EF0A32E272778DAA2ABE
C72A84102D591E11D96BA61F57877B895A752D9BEAAC3DF
D7D3220E2BDE7C036467464E0E836748F1DE7AB6216866F1
30CE7CFCEC8CE050B870C11881EE3E9D70919>{eexec}stopped{dup type/stringttype42known not downloadOK and {userdict begin /*charpath /charpath userdict/LW+{LW 2 eq}bind put userdict/ok known not{userdict/ok{systemdict/statusdict known

Der theoretische Unterbau

dup{LW 0 gt and}if}bind put}if systemdict/setobjectformat known{0 setobjectformat}if......

Die gesamte Datei – dieser recht kleinen Seite – hat ein Datenvolumen von 34 kB. Sie enthält in PostScript 134.139 Anschläge in 6.850 Wörtern und 1.847 Zeilen.

Wir sehen also, daß der PostScript-Wandler aus einer Textseite wieder Text gemacht hat. Der eigentliche Vorzug von PostScript liegt nun darin, daß – geräteunabhängig – eine elektronische Textdatei geschaffen wurde, die rückübersetzt, genau den Inhalt – Grafik, Bild, Farbe oder Text oder alles zusammen – wiedergibt, der vorher darin steckte.

Nun gibt es gute, aber auch schlechte PostScript-Programmierer, und entsprechend lang oder auch kurz kann eine PostScript-Datei werden, auch wenn sie als Ursprungsdatei den gleichen Inhalt umzuformen hatte. Wie gesagt, eine PS-Datei kann, obwohl sie den gleichen Inhalt beschreiben soll, unterschiedlich groß sein, je nachdem, wie geschickt oder ungeschickt der PostScript-Programmierer vorgegangen ist. Wenn eine Datei im PS-Format vorliegt, kann sie auf eine beliebige Ausgabeeinheit gesandt werden und wird dann dort in die entsprechende Form, wie sie die Ausgabeeinheit benötigt, umgewandelt.

Das ist bei allen Plattenbelichtern eine Rasterdatei, also eine Ansammlung von geometrischen Werten, die den Ort und den Zustand eines Laserpunktes an jeder Stelle der zu belichtenden Fläche beschreibt. Dieser Laserpunkt kann nur den Zustand „An" oder „Aus" haben. Seine genaue Position und sein Zustand wird dem Recorder über den RIP mitgeteilt.

Ein weiteres Phänomen verdient Aufmerksamkeit, wenn man mit PS-Dateien arbeiten will. Es liegt in der Natur der Sache, daß eine PostScript-Datei immer erst vom Rechner bis zum Ende abgearbeitet werden muß, bevor der Laser beginnen kann, seine Punkte auf die Platte oder vielleicht auf Papier oder Film zu schreiben.

Warum muß das so sein? Kann man das nicht vermeiden und auf diese Weise die Abarbeitung beschleunigen? Nun, es

1.4 PostScript und Acrobat

ist nicht verboten und wird häufig auch so gemacht, daß am Ende einer PostScript-Datei ein Befehl auftaucht, der von dem Laser verlangt, am Anfang der Datei eine Schwärzung durchzuführen oder irgendwo in der Mitte. Um nun von den Gerätekonstrukteuren nicht zu verlangen, daß die gesamte Antriebsmechanik wie bei einem Zeichenplotter ständig Hin- und Her-Fahrbewegungen oder Vor- und Zurück-Fahrbewegungen zu machen hat, bedeutet das, daß jede PostScript-Datei vom RIP erst einmal vollständig abgearbeitet werden muß, bevor der Laser beginnen kann, z.B. an der linken oberen Ecke seine Schwärzungen vorzunehmen und an der rechten unteren Ecke aufzuhören. Wie das im einzelnen vor sich geht, was dabei zu beachten ist und welche technischen Möglichkeiten derzeit genutzt werden, sehen wir im nächsten Kapitel.

Clevere Programmierer versuchen, diese etwas umständliche und sture Vorgehensweise der meisten Interpreterprogramme zu vermeiden, indem sie das Interpreterprogramm so gestalten, daß es vorab die PS-Datei auf mögliche Ortsangaben untersucht und geeignet sortiert. Natürlich ohne den Inhalt damit zu verändern. Als Folge kann ein so programmierter RIP die PS-Datei auch streifenweise abarbeiten. Der Belichter bekommt gerade immer soviel Daten, wie fertig sind, er kann sofort anfangen zu belichten oder mit geringem zeitlichen Versatz zur Aufrippung durch den RIP.

Gehen dem Belichter die Daten aus, und liefert der RIP die Daten noch nicht nach, so hält der Belichter an. Er fährt im Start-Stop-Betrieb. Sind neue Daten fertig, dann startet der Belichter aufs neue und belichtet weiter. Es liegt auf der Hand, daß eine derartige Betriebsweise intime Kenntnisse des nachgeschalteten Belichters und seiner Konstruktion verlangt. Auch die Belichterkonstruktion muß für Start-Stop-Betrieb ausgelegt sein. Will man „fremde" Komponenten zusammenschalten, dann ist diese Betriebsweise nicht möglich.

ACROBAT PDF (Portable Dokument Format)

Nachdem Adobe 1984 PostScript eingeführt hatte und insbesondere bei der grafischen Industrie gewaltige Zustimmung gefunden hatte, wurden mit zunehmender Verbreitung dieses Standards auch die Schwächen bei den vielfältigen Anwendungen, wie sie bei den Druckern nun mal vorkommen, immer deutlicher. Hinzu kamen Anwendungen im Bereich der CD-ROM und des Internet, bei denen gefordert wurde, daß unabhängig von der verwendeten Plattform, Dokumente in voller Schönheit und im ursprünglichen Layout übertragen, gespeichert und gelesen werden konnten. Der Vorschlag von Adobe hierzu heißt ACROBAT, die verwendete Datenstruktur beruht auf PostScript und wurde erweitert zu PDF. In der nun vorliegenden High-End-Fassung wird PDF alle diese Voraussetzungen erfüllen und dazu die druckorientierten Farbfähigkeiten und bessere Interpretation von Bilddaten leisten. Damit ist es sehr wahrscheinlich, daß PDF als Transportformat für grafische Daten, das bis jetzt dominierende EPS-Format ablöst. Mit der Fähigkeit des plattformübergreifenden Preview werden diese Dateien auch auf allen Systemen sichtbar, d.h. betrachtbar und bearbeitbar gemacht, womit die Zeit des Blindfluges endgültig vorbei ist.

Gleichzeitig ist damit auch die Schriftenproblematik gelöst, da die eingesetzten Fonts immer im Dokument eingebettet sind. Es bestehen noch weitere Vorteile gegenüber PostScript. Mit der Einführung von Amber (Codename dieser Ergänzung), wird die Möglichkeit bestehen, einzelne Seiten aus einem Dokument zu laden, zu bearbeiten und auszugeben, ohne die ganze Datei komplett laden und bearbeiten zu müssen. Insbesondere für die Übermittlung von Dateien über Draht auch über Internet und Änderungen in letzter Sekunde, ist das sehr hilfreich.

1.5 Lichtempfindliche Schichten

Neben der Verfügbarkeit von geeigneten Lasern und reichlich Computerleistung waren es die Verbesserung bei den lichtempfindlichen Schichten im Offset-Plattenbereich, die „Computer to Plate" heute ermöglichen. Seit mindestens 10 Jahren wurde in der Industrie an dieser Problematik geforscht und entwickelt.

CTP-Plattensysteme sollten die folgenden Anforderungen erfüllen:

- Aluminumbasis, elektrochemisch aufgerauht und anodisiert
- Belichtbar mit Lasern niedriger Leistung, dazu gehört eine Beschichtung mit breiter spektraler Empfindlichkeit
- Hohe Auflösung, hohe Druckqualität
- Konventionelle Farb-/Wasserbalance
- Mittlere, besser hohe Auflagenstabilität
- Stabile und lange Lagerfähigkeit
- Hohe Bildstabilität des latenten Bildes
- Kostengünstig

Je mehr Eigenschaften ein CTP-Plattensystem erfüllt, desto breiter sind seine Einsatzgebiete und desto eher wird es sich am Markt durchsetzen.

Nach vielen Versuchen und Anläufen präsentieren sich heute drei verschiedene Lösungsansätze, die sich als praxistauglich erwiesen haben.

Der eine Weg ist die Verwendung von hochgezüchteten Fotopolymeren als lichtempfindlichem Schichtmaterial für Offsetplatten. Es wird durch einige Tricks so empfindlich gemacht, um mit vergleichsweise wenig Lichtenergie ein Maximum an Photopolymerisierung zu erreichen. Die dabei eingesetzten Polymere sind in ihrem Aufbau denen von normalem Negativdruckplatten ähnlich. Der große Unterschied liegt in der nochmals gesteigerten hohen Empfindlichkeit des eingesetzten Materials. Sie ist um den Faktor 10 gegenüber gängigen (Projektions)-Plattenschichten erhöht.

Der theoretische Unterbau

Die Schwierigkeit, die es zu überwinden galt bei der Entwicklung und Herstellung dieser Art Platten, liegt darin, daß einerseits der Schicht eine sehr hohe Empfindlichkeit angezüchtet werden muß, auf der anderen Seite die gewünschten wichtigen Eigenschaften einer normalen Offsetdruckplatte erhalten bleiben müssen. Die Aufgabe glich oft einer Quadratur des Kreises. War die eine Eigenschaft verbessert, dann fielen eine oder mehrere andere Eigenschaften ab oder umgekehrt.

Es verwundert auch nicht, daß die Negativschicht bisher als einzige sich für diese Zwecke geeignet gezeigt hat. Ist sie doch die empfindlichste Schicht von allen Plattenschichten.

Eine derartige Platte wird derzeit u.a. von Höchst unter dem Namen N 90 angeboten.

Ein anderer Weg zur Erhöhung der Lichtempfindlichkeit besteht in der Verwendung von silberhaltigen Schichten. Silber wird, wie wir alle wissen, seit vielen Jahrzehnten in fotografischen Materialien verwendet. In normaler Film-Ausführung eignen sich silberhaltige Emulsionen nicht unbedingt für den Prozeß des Offsetdruckens. Im Druck kommt es ja sehr auf wasserfreundliche (hydrophile) und fettfreundliche oder wasserabstoßende (hydrophobe) Eigenschaften der Oberflächen an.

Also mußten hier viele Forschungs- und Entwicklungsarbeiten geleistet werden, um neben der gewünschten hohen Empfindlichkeit die weiteren Eigenschaften einer Druckplatte zu erhalten, nämlich u.a. Farb-/Wasserbalance, Auflagenstabilität, Auflösung und Lagerfähigkeit.

Sozusagen mitgeliefert gibt es die hohe Empfindlichkeit bei hoher bis sehr hoher Auflösung. Die Empfindlichkeit liegt 1 bis 2 Größenordnungen (also 10 fach bis 100 fach) über der empfindlichsten Polymerschicht.

Platten, die nach diesem Verfahren arbeiten, werden heute von Dupont-Howson® und Agfa® entwickelt und angeboten. Sie zeichnen sich durch eine extrem hohe Empfindlichkeit bei kleinsten Lichtmengen aus und liegen in der Übertragungsqualität im mittleren bis oberen Bereich. Ihre Auflagenstabilität dürfte – qualitätsabhängig – um die

1.5 Lichtempfindliche Schichten

100.000 Drucke betragen, eventuell sogar höher. Über Lagerstabilität der unbelichteten Platte und Stabilität des latenten Bildes ist bisher nicht viel bekannt geworden.

Einen dritten Weg zeigt die CTX-Platte auf. Auch sie leistet die geforderte hohe Empfindlichkeit bei gleichzeitig gutmütig stabilem Plattenverhalten. Entwickelt wurde sie von Polychrome und vor ca. drei Jahren vorgestellt.

Die CTX-Platte vereinigt einerseits eine silberhaltige „Film"-Emulsion, auf geschickte Weise aufgebracht, mit einer normalen positiv oder negativ reagierenden Offsetdruckplatte. Durch diese Doppelschichtanordnung versucht man das Beste aus beiden Welten zu vereinen: einerseits die hohe Lichtempfindlichkeit der silberhaltigen Schicht, andererseits die dringend erwünschte hohe Auflagenstabilität bei gleichzeitig sehr guter Auflösung, verbunden mit normalem Verhalten im Druck, der Farbwasserbalance, der Tonwertzunahme etc.

Welches Verfahren sich letztendlich am Markt durchsetzt oder ob alle friedlich nebeneinander auf dem Markt ihren Einsatz finden, ist derzeit noch nicht zu sagen.

Für alle eingeschlagenen Wege gibt es verschiedene positive, aber auch negative Grenzbedingungen, die im Einzelfall zu untersuchen sind, um zu einer Entscheidung zu kommen.

Positiv ist jedoch, daß die lichtempfindlichen Schichten und die damit verbundenen Offsetdruckplatten alle auf Aluminium basieren und elektrochemisch aufgerauht sind. Damit sind Formstabilität und Passergenauigkeit vorgegeben. Ihr Einsatz ist bestimmt durch die feste Abstimmung mit dem eigentlichen Belichtungsprozeß im Recorder. Wichtig und eng damit zusammenhängend ist der entsprechende Entwicklungs- und Fixierungsprozeß im Anschluß an die Belichtung.

Damit ist eine enge Systembindung zwischen Belichtungseinheit, gewählter Plattenart und angeschlossener Entwicklungseinheit gegeben.

Der theoretische Unterbau

Die nachfolgende Tabelle zeigt die wichtigsten Beschichtungsprinzipien von Offsetplatten: die Beschichtung, spektrale Empfindlichkeit und deren Energiebedarf.

Tabelle 1: Eigenschaften von Offsetplatten

	Spektraler Bereich in nm	Empfindlichkeit in mJ/qcm	Anwendung Belichtungsprinzip
Photolyse von Naphtoquinonen Diaziden, d.i. negativer Diazo	300 - 450	10 - 300	Kontakt
Wärmeinduzierte Polymerisation	850 - 1064	100 - 300	Infrarot - Laser
Photoinduzierte radikale Polymerisation	300 - 450	1 - 300	Kontakt, Projektion, Laser
Photoinduzierte radikale Polymerisation	450 - 550	> 0,1	Projektion, Laser
Silberhalogenid haltige „Film"-Schichten	350 - 850	> 0,0001	Kontakt, Projektion, Laser

Die Empfindlichkeit ist in mJ (Milli-Joule/cm²) einer Energieeinheit pro Fläche angegeben. Damit ist die Energie gemeint, die ausreicht, um eine genügende Dichte auf der Platte zu erzeugen.

Die mit Abstand lichtempfindlichsten Schichten sind silberhaltige Verbindungen mit > 0,0001 mJ/cm². Auch elektrofotografische Schichten sind sehr empfindlich zu machen mit ca. > 0,001 mJ/cm². Sie sind aber schon mindestens eine Größenordnung lichtschwächer. Im Konzert der direktbelichtbaren digitalen Platten kommen sie aber derzeit nicht vor.

1.5 Lichtempfindliche Schichten

1.5.1 Die Prinzipien der silberhaltigen Offsetplatten

Direkt belichtende Verfahren

Da wir von digitalen Belichtungsverfahren ausgehen, ist der Erzeuger der Lichteinwirkung immer ein Laserstrahl. Die generellen Wirkungsschemen sind sehr komplex und schwer im einzelnen zu erläutern. Sie lassen sich aber vereinfacht darstellen, um die besonderen Prozeßschritte besser zu erkennen.

Bild 19:
Prinzipdarstellung der Direktbelichtung auf Silberhalogenidschicht

Bild 19 zeigt die Schematik des Einwirkens von Licht, (h·v), dargestellt am Beispiel der Silberlithplatte von Dupont-Howson. Wie man sieht, wird die auf einen Zwischenträger aufgebrachte, silberhaltige Emulsion durch das Einwirken des Lichts von AgX in Silber (Ag) und $1/2\, X_2$ verwandelt.

Das hydrophob gemachte, also wasserabstoßende Silber enthält nunmehr das aufgebrachte Bild. Seine Moleküle sind eingebettet in die Aluminiumoxydschicht des Trägers.

Wenn nach der Belichtung und Entwicklung die spezielle Emulsion in der Entwicklungsmaschine entfernt wird, dann bleibt die bildhaltige (und farbannehmende) Silberschicht und die anodisierte Aluminiumoxydschicht übrig. Genau wie bei einer normalen Offsetplatte ist dann die Bildschicht (Silberschicht) die farbführende Zone, während die Aluminiumoxydschicht die wasserführende Zone darstellt.

Der Vorteil all dieser Mühen ist, daß diese silberhaltigen Offsetplatten in sehr einfachen Kameras mit geringen Lichtintensitäten, aber auch in Laserbelichtern mit Lasern geringer Leistung eingesetzt werden können.

Der theoretische Unterbau

Das gleiche Verfahren oder ein sehr ähnliches, wird schließlich seit langer Zeit im Bereich der Filmverarbeitung eingesetzt.

Beim Drucken muß besondere Aufmerksamkeit in die Steuerung der Farb-Wasserbalance gelegt werden. Um die Steuerung zu vereinfachen, werden die Silberpartikel, die das aufgebrachte Bild darstellen, zusätzlich hydrophob, also wasserabstoßend gemacht. Das geschieht durch eine Behandlung mit schwefelhaltigen Komponenten. Zusätzlich müssen dann beim Drucken besondere Befeuchtungsmittel eingesetzt werden.

Silberhalogenid-Polymer-Plattensysteme (CTX)
Der Belichtungsprozeß bei den CTX-Platten ist ziemlich identisch mit dem der Silberlithplatte. Durch die silberhaltige Oberfläche wird nur sehr wenig Licht gebraucht. Der Belichter belichtet die Plattenoberfläche mit sehr geringer Laserenergie. Das kommt u.U. der Lebensdauer des Lasers und seinem Preis zugute.

Bild 20 zeigt die Zusammenhänge im Detail. Das Plattenverhalten ist bei der Erstbelichtung ähnlich oder gleich in der Empfindlichkeit mit den direkt druckenden Silberschichten. Völlig anders allerdings ist das Verhalten im weiteren Entwicklungsverfahren.

In einer automatischen Verarbeitungsanlage wird in deren erstem Teil das durch den Belichter erzeugte Bild entwickelt und fixiert. In der nachfolgenden Belichtungssektion wird die positiv arbeitende Kopierschicht „durchbelichtet". Nach dem Abwaschen der wasserlöslichen Filmemulsion (Maske) werden die in der Flutlichtsektion belichteten Bildteile mit Positiv-Entwickler entfernt. Die verbleibenden Bildelemente können nun nach eventueller Korrektur direkt zum Drucken verwendet werden oder sie werden „eingebrannt", um höchste Auflagenfestigkeit zu erreichen.

1.5 Lichtempfindliche Schichten

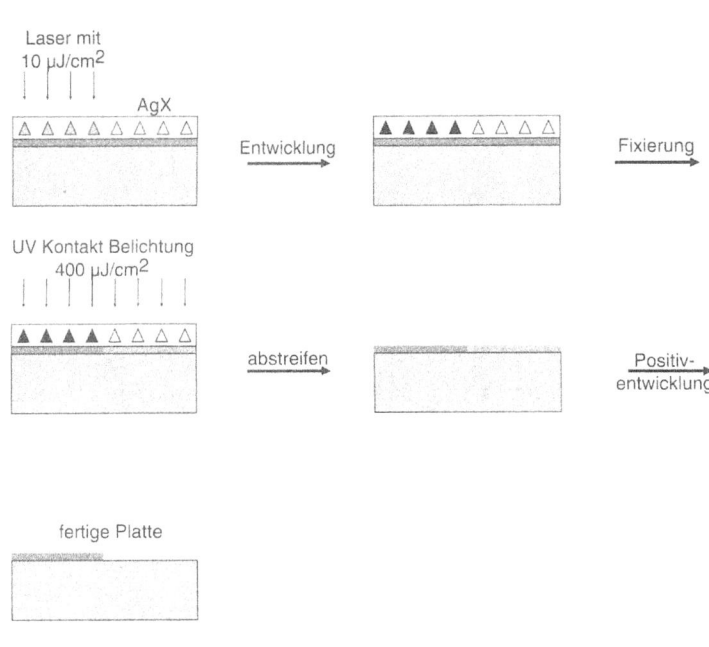

Bild 20:
Prinzipdarstellung der Direktbelichtung auf Silberhalogenid-Polymerschicht (CTX-Prozeß)

Thermoplatten:

Seit der DRUPA wurde zuerst von Kodak, dann auch von anderen Herstellern die Thermoplatte vorgestellt. An diese Platte knüpfen sich hohe Erwartungen, da sie auf einen Schlag alle zur Zeit vorhandenen Probleme oder Unbequemlichkeiten zu lösen oder zu vermeiden gestattet. Dazu gehören u.a.

- Einfache Handhabbarkeit im Hellraum bei Gelblicht

- Höchste Auflösung bei „Belichtung" mit Infrarotenergie

- Kein Punktzuwachs bei digitaler (IR) Belichtung

- Sehr hohe Dichte des belichteten Punktes

- Sehr hohe Standfestigkeit des belichteten Bildes

- Scharfer (digitaler) Schwarweiß-Übergang zwischen belichteter und unbelichteter Zone

- Höchste Auflagenstabilität

- Trockenentwicklung ohne Zusatzchemikalien

Nachteilig sind dagegen die hohen Anforderungen an die Energiedichte des belichtenden Lasers, der in der Schicht einen „Phasenwechsel" zwischen hydrophil zu hydrophob erreichen muß. Dabei gibt es aber nur diese beiden Zustände und keine störenden Zwischenwerte. Die Belichtungsenergie muß mindestens 150 mJ/cm^2 bei einer Wellenlänge von 830 oder 1064 nm betragen. Das ist eine ganze Menge, wenn man es mit den anderen Schichten vergleicht und erfordert in jedem Fall eine Umkonstruktion des Belichterlaserkopfes.

Die Produkte von Kodak und POLYCHROME erfüllen gemäß ihrer Definition fast alle oben aufgezählten Anforderungen, bis auf die letzte. Dafür sind sie mit einer Schicht versehen worden, die zwei Empfindlichkeitsmaxima hat, einmal im Infrarotbereich bei 830 (1064) nm und einmal im UV-Bereich bei 380 bis 400 nm.

Die Schicht muß aber wässrig – d.h. also durchaus üblich – entwickelt werden, kann aber dafür sowohl im Kopierrahmen für eine konventionelle Kopie als auch im CTP-Belichter mit starkem Infrarotlaser (ca. 10.000 x stärker als bei CTX) eingesetzt werden. Vor dem Entwickeln muß die Platte einem Aufwärmprozeß bei ca. 130 Grad unterzogen werden, der die Thermoschicht „härtet". Bei Bedarf läßt sich die Platte einbrennen, um auch höchste Auflagen > 1.000.000 zu drucken.

In den Anfängen des „Computer to Plate"-Prozesses wurde auch der Einsatz von elektrofotografischen Schichten erprobt. Wie die Tabelle zeigt, zeichnen sich diese durch eine sehr hohe Lichtempfindlichkeit aus, bei gleichzeitig guten Druckeigenschaften und Stabilitätskriterien. Es erwies sich aber als sehr schwierig, die Schwärzung der Vorlage durch elektrofotografische Verfahren so eng wie erforderlich mit der Aufzeichnungsmethode durch Laser abzustimmen. So ist bis jetzt kein funktionierendes Verfahren dieser Art auf dem Markt eingeführt worden.

Kapitel 2

Computer to Plate, Computer to Press

Computer to Plate/... Press, was ist das eigentlich genau? Viele gehen heute mit diesem Begriff hausieren, den Eindruck verbreitend, nun endlich die ultimative Lösung für alle Vorstufenfragen gefunden zu haben. Der Begriff suggeriert den meisten einen sehr kurzen Weg, um von einer elektronischen Vorlage (Datei) direkt auf die Offsetdruckplatte zu belichten oder auch auf den Druckzylinder direkt auszugeben. Diese verkürzte Auffassung führt dazu, daß sich fast alle Betriebe ausschließlich mit der Frage beschäftigen, wie denn die Datei oder die Form in elektronischer Weise auf die Platte gebracht wird und welche Maschinen oder Einrichtungen dazu nötig sind. Oft wird dabei übersehen, daß nicht nur die Begriffe „Plate" oder „Press" oder „Offsetplatte" in diesem Schlagwort vorkommen, sondern ebenso der Begriff „Computer".

Deshalb ist es für uns wichtig zu erkennen, daß der Begriff „Computer to Plate/ ..to Press" sowohl:

- die komplette elektronische Druckvorstufe enthält,

- die entsprechende Verarbeitung von Satz- und Reprodaten,

- fast immer das anschließende Ausschießen, unter Umständen

- das Überfüllen/Unterfüllen von farbkritischen Teilen einer Seite als auch

- die Erzeugung eines digitalen Proofs mit Korrekturen seitens der Repro-Vorlage, aber auch ausgelöst durch Druckparameter bevor mit dem eigentlichen Ausbelichten auf die Offsetplatte begonnen werden kann.

Oft wird das Ausbelichten auf die Platte nur eine von mehreren Möglichkeiten sein, eine große Anzahl hochwertiger Kopien zu erzeugen. Immer häufiger wird gleichzeitig die Produktion einer CD-ROM verlangt werden. Mit gleichen Farben, aber systemtypischen Inhalten. Also wird auch die Produktion von CD-ROM zunehmend öfter zur Arbeit einer Druckerei gehören. Ist es dann noch eine Druckerei? Fest steht jedenfalls, daß die hier beschriebenen Vorstufentechniken zu einem großen Teil auch für andere Produktionsarten eingesetzt werden können, besser gesagt, auch für diese Voraussetzung sind. Hinzu kommen allerdings noch systemspezifische Ausrüstungen und Know-how. Denn eine CD-ROM ist nun mal ein anderes Medium als Papier und Druck. Sie hat einen maximalen Dateninhalt von z.Z. 640 MB und im nächsten Jahr bis 18 GB. Die Reproduktionskosten sind heute schon sehr niedrig und liegen bei einer Stückzahl von ca. 1.000 bei nur 2,- DM bis 2,50 DM pro Stück. Auch die Distribution ist deutlich preiswerter als der Versand von „tonnenschweren" Katalogen gleicher Inhaltsmenge.

Übrigens, den Puristen unter den Lesern wird vielleicht auffallen, daß die Wörter Computer und Plate oder Press in „Computer to Plate/ to Press" groß geschrieben werden. Ich bitte um Nachsicht, doch Sie haben es hier mit der künstlerischen Freiheit des Autors zu tun. Der an sich gute Begriff „CTP = computer to plate" kann zwar schlecht eingedeutscht, aber doch deutsch geschrieben werden.

2.1 Ein „Computer to Plate"-System

Einen ersten Eindruck, wie eine vergleichsweise einfache „Computer to Plate"-Installation aussehen kann, erhält man durch Bild 21. Die Darstellung zeigt in schematischer Form

2.1 Ein „Computer to Plate"-System

eine Minimalausstattung, wie sie für den Einsatz eines Recorders zur Direktbelichtung von Druckplatten erforderlich sein könnte. Wie man sieht, enthält dieses System einige Workstations oder DTP-Computer, auf denen die digitalen Dateien gesammelt, geprüft und gegebenenfalls korrigiert oder ergänzt werden. Zusätzlich ist es in vielen Fällen erforderlich, nachträglich Bilder in Farbe oder schwarzweiß einzuscannen und sie der Druckform hinzuzufügen. Es ist also auch ein professioneller Scanner erforderlich, im allgemeinen ein Trommelscanner oder eine andere professionelle Scanner-Lösung.

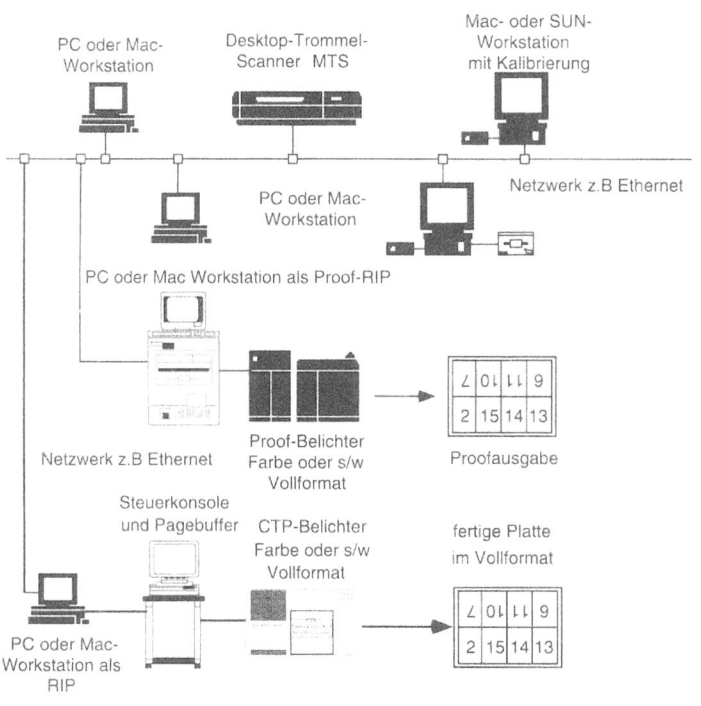

Bild 21:
Vereinfachtes System für „Computer to Plate"

Die Workstations der Scanner und die angeschlossenen Ausgabeeinheiten müssen untereinander über ein schnelles Netzwerk verknüpft sein. Da es sich bei den Dateien z.T. um sehr große Datenmengen handelt, ist die Geschwindigkeit, mit der über das Netz Daten verteilt werden können, von hoher Bedeutung. Ein Bogen mit 8 Seiten (A4) in schwarzweiß und mit einem Bildanteil von etwa 30 % hat als PostScript-Datei ca. 45 MB Datenvolumen. Ein Farbbogen mit hohem Bildanteil in 4 Farben hat ca. 225 MB. Wir sehen also, daß die Datenmengen schon beachtlich sein können. Zur Zeit ist „Ethernet" das meist eingesetzte Netz für diese Anwendungen. Es erlaubt Übertragungsraten von bis zu 10 Mb/s (Megabit pro Sekunde). Für „Computer to Plate" Anwendungen ist diese Geschwindigkeit jedoch nicht ausreichend. Schnellere Netzwerkverbindungen werden daher dringend benötigt und stehen inzwischen auch zur Verfügung. Als guter Einstieg, insbesondere für die Verbindung vom Server zum RIP oder Proof-RIP, hat sich Ethernet 100 bewährt. Auch FDDI-Verbindungen werden zunehmend eingesetzt.

Die letzten beiden Protokolle erlauben netto Datentransferraten von etwa 20 bis 50 Mb/s. Wir werden später noch auf die besondere Bedeutung sowohl der DTP-Lösungen als auch der Repro-Aufgaben an einer Workstation zurückkommen. Die Bemessung und die Beurteilung von Netzwerken und deren Übertragungsleistungen sind ebenfalls Gegenstand späterer und eingehenderer Betrachtungen.

Wie schon erwähnt, sind die Workstations und die entsprechenden Ausgabeeinheiten über Kabelleitungen miteinander verbunden. Diese müssen dafür ausgelegt sein, hohe Datenmengen schnell und sicher von einem Punkt zum anderen zu übertragen. Das bedeutet aber auch, daß die reine Rechenleistung der Workstations ebenfalls von sehr großer Wichtigkeit ist. Nur wenn man schnell rechnen kann bei Bildbearbeitung und Korrektur, braucht man auch schnelle Übertragungen.

486er PCs sind für Workstation-Zwecke im allgemeinen eher ungeeignet, da die Taktrate, d.h. die Schalthäufigkeit der eingebauten Computerchips, nicht ausreichend ist. Erst Rechner mit dem Pentium-Prozessortyp, im allgemeinen aber eher RISC-Prozessoren, wie sie u.a. in SUN-Workstations verwendet werden, sind für diese Zwecke einzusetzen. Sehr häufig werden auch Mac-Workstations und PowerMacs der oberen Leistungsklasse verwendet.

2.1 Ein „Computer to Plate"-System

Die übliche Ausstattung der bildverarbeitenden Workstations mit Arbeitsspeicher liegt bei 128 MB RAM-Speicher. Mit Festplatten von mindestens 500 MB Inhalt. Textintensive Anforderungen begnügen sich mit geringeren Anforderungen an die Ausstattung. Zusätzliche Anforderungen, wie sie aus der Verarbeitung von Vierfarbdateien herrühren, führen zu weiteren Aufwendungen in der Versorgung der Workstations mit schnellen Video-RAMs. Sie sorgen dafür, daß der Bildaufbau am Bildschirm entsprechend zügig vonstatten geht. Erforderliche Bildvariationen können dann schnell über die Software vorgenommen werden. Bildvariationen, -veränderungen oder andere Überarbeitungen müssen auch am Bildschirm schnell und sicher erfolgen können. Ferner ist von Wichtigkeit, daß sehr schnelle und auch große Wechselplatten zur Verfügung stehen, um die anfallenden Datenmengen jederzeit zwischenspeichern zu können, um sie an andere, häufig weiter entfernte Arbeitsplätze zu liefern.

Für letzteres sind Syquest®-Wechselplatten üblich: Laufwerke mit einer mittleren Zugriffzeit von weniger als 20 ms und mit 42 MB bis 270 MB Speicherplatz; bzw. von NOMAI mit 540 MB. Häufig eingesetzt werden auch Magneto-optische Laufwerke mit einer Speichermenge von 128 MB oder noch größere optische Platten mit 650 MB bis 1.300 MB. Deren mittlere Zugriffszeiten liegen jedoch noch etwas höher, als bei rein magnetischen Festplatten. Für Arbeitszwecke sind sie daher noch etwas zu langsam.

Wenn diese Stationen sinnvoll zu einem System miteinander verknüpft sind und die entsprechenden Dateien aufbereitet wurden, müssen sie im allgemeinen ausgedruckt werden, entweder um als Einzelseite oder im Verbund zur Begutachtung für den Auftraggeber vorgelegt zu werden. Für diese Fälle ist immer ein Digital-Proof-System erforderlich.

Solange es sich um Schwarzweiß-Daten handelt, wie sie im Werkdruck oder bei den meisten Zeitungen vorkommen, können diese Proof-Stationen aus einem großformatigen Laserdrucker mit geringer Auflösung (üblich sind 300 dpi oder 600 dpi) bestehen, der durch einen besonderen RIP aus der angelieferten Datei eine Rasterdatei erstellt und diese in ausgeschossener Form über den Proof-Recorder ausdruckt. Wichtig ist in jedem Fall die Konsistenz der PostScript-Daten zu erhalten, um unabhängig vom gewählten RIP die gleichen Proof-Ergebnisse – nur eben geringer aufgelöst – zu erhalten. Aus diesem Grunde sollte der Proof-RIP möglichst baugleich sein, d.h. vom gleichen Hersteller stammen, und auf die gleichen Daten zugreifen können (das ist besonders bei Schriften wichtig), oder man gibt gleich vom selben RIP nacheinander die Daten als Proof aus und bringt sie nach der Freigabe auf die Platte.

Sobald jedoch ein Vierfarbauftrag zu bearbeiten ist, muß das Signal über einen speziellen und heute noch sehr aufwendigen Digital-Proof-Belichter ausgegeben werden, dessen Rasterdaten ebenfalls über einen eigenen oder den gleichen RIP zur Endausgabe aufgerastert werden. Dazu werden heute u.a. Systeme von Kodak „Approval" bzw. von Scitex „IRIS" oder „STORK" eingesetzt.

Diese so erzeugten Proofs enthalten die elektronisch zusammengestellte Ganzseite oder häufig auch schon die ausgeschossene Form mit der gewünschten Anordnung von Seiten, wie sie auch das später zu produzierende Ausschießschema vorgibt.

Wenn also auch das digitale Proof den Vorstellungen des Auftraggebers entspricht, sei es in Schwarzweiß oder in Farbe, so kann die dann fertiggestellte PostScript-Datei oder die bereits aufgerippte, also gerasterte Datei auf den eigentlichen CTP-Belichter ausgegeben werden.

Nicht immer liegt die Datei in PostScript-Form vor. Obwohl die meisten RIPs heute für PostScript eingerichtet sind, kann man zum Beispiel aus dem DTP-Programm „QuarkXPress"® direkt auf einen dafür geeigneten RIP ausgeben, ohne den „Umweg", erst eine PostScrip-Datei erzeugen zu müssen. Man spart dann die Zeit, die zur Erzeugung einer PostScript-Datei gebraucht wird, also unter Umständen mehrere bis viele Minuten pro Datei. Aber unabhängig davon, ob das Signal nun als PostScript-Datei vorliegt oder nicht, muß es dann durch einen Raster Image Processor, kurz RIP, in eine hochaufgelöste Rasterdatei, entsprechend den

Anforderungen des elektronischen Plattenbelichters, umgewandelt werden.

Eine PostScript-Datei ist zwar eine geräteunabhängige Seitenbeschreibung, aber es gibt viele verschiedene Dialekte. Das kann dazu führen, daß ein RIP eine PostScript-Anweisung versteht, der andere aber streikt und einfach hängenbleibt. Um das zu vermeiden, besonders dann, wenn ständig Fremddaten zu verarbeiten sind, empfiehlt es sich, die PostScript-Daten einer Art Eingangskontrolle zu unterziehen. Ein geeignetes Programmpaket für diese Zwecke wäre zum Beispiel „ePScript®" von der OneVision GmbH in Regensburg.

Jeder Belichter, wie auch jede andere Ausgabeeinheit, braucht zusätzlich ihre gerätespezifische Übersetzung des PostScript-Kommandos. Dies ist leicht einzusehen, da die notwendigen Befehle zur Ansteuerung von Motoren, Lasern etc. von Gerät zu Gerät verschieden sind. Auch die Formate und Auflösungen variieren von Typ zu Typ. Diesen Teil der Übertragung besorgt der von der Lieferfirma zu erstellende Druckertreiber – wieder ein Stück Software.

Der Recorder oder Belichter wird dadurch in die Lage versetzt, die PostScript-Datei richtig zu interpretieren und jedem Bildpunkt der späteren Gesamtform seine Identität – d.h. schwarz oder weiß (da oder nicht da) und seine Position – zu geben. Weil das Rippen erhebliche Zeit in Anspruch nehmen kann, abhängig davon, welche und wieviele Daten zu rippen sind, wird dem RIP häufig eine spezielle Hardwareeinheit zugeordnet. Diese, u.a. bei der Fa. Adobe „Pixel-Burst-Generator" genannt, ist ein spezieller Computer, der daraufhin optimiert wurde, Bilddaten äußerst schnell aus dem PostScript-Signal zu erzeugen. Ein Prozeß, der sonst jeden anderen Processor sehr lange belasten würde.

Da der Plattenbelichter (je nach Größe) die ausgeschossene Gesamtform zur Belichtung benötigt, müssen die entsprechenden Daten fertig aufgerippt in geeigneter Form dem Belichter zur Verfügung gestellt werden. In der letzten Zeit wurden besondere Anwendungsprogramme zur Steuerung von Belichtern entwickelt, die eine PostScript-Datei auf die geometrischen Befehle hin untersuchen und diese – ohne die Gesamtform zu zerstören – in geeigneter Weise vorsortieren. Dadurch wird dem nachgeschalteten Belichter ein Start-Stop-Betrieb ermöglicht, indem immer nur der jeweils fertige Teil der PostScript-Datei ausbelichtet wird – in „Scheiben" sozusagen. Man erreicht damit eine höhere Durchlaufleistung, indem zeitversetzt gerippt und belichtet werden kann.

Aus Gründen der Produktivität ist es sinnvoll, die vom RIP mühsam aufgerippten Daten auf einer großen Festplatte zwischenzuspeichern, von der dann der Dateninhalt durch den Belichter abgerufen wird. Übliche Belichtungszeiten für eine 3B-Platte mit 70 x 100 cm liegen heute je nach gewählter Auflösung zwischen 2 und 15 Minuten. Es muß jedoch nicht nur an dieser Stelle, sondern immer wieder darauf hingewiesen werden, daß zu diesen reinen Belichtungszeiten des Belichters die RIP-Zeiten sowie die Verteilzeiten auf die Festplatte, aber auch innerhalb des Netzwerkes, hinzugerechnet werden müssen.

Es ist also sehr wichtig, sich den Gesamtprozeß anzusehen und dafür die geeigneten Hilfsmittel einzusetzen, um sowohl die Gesamtdurchlaufzeiten kurz zu halten als auch die verschiedenen Prozeßschritte (wie z.B. Proofausgabe, Fein-/Grobbildretouche, Überfüllungskontrolle, Ausschießkontrolle) jederzeit kontrolliert ausführen zu können. Es bietet sich daher an, mindestens eine komfortable Warteschlangenverwaltung wie z.B. ColorCentral von Adobe oder besser ein ausgewachsenes Workflow Management System wie z.B. OPIX Control von OPIX oder Pagemaster von CREO einzusetzen.

Es ist sicher deutlich geworden, daß der Begriff „Computer to Plate" sehr stark vereinfachend ist. Er verbirgt hinter dieser simplen Überschrift eine Fülle von Einzeltechnologien, die erst im Zusammenwirken das gewünschte Ergebnis bringen, und erst durch Optimierung der einzelnen Schritte zu einer wirklich produktiven Investition führen. Wir werden uns daher in den folgenden Kapiteln sehr ausführlich mit den einzelnen Themenkreisen, die bereits angerissen wurden, auseinandersetzen. Wir sollten jedoch jetzt schon einmal einen Blick auf die weiteren Anforderungen richten, die sich aus der Direktbelichtung von Offsetdruckplatten in Laserstrahlrecordern ergeben.

Bei der Direktbelichtung wird ja mehr oder weniger der Vorgang kopiert (im Sinne des Wortes), der üblicherweise in analoger Form, d.h. konventionell, durchgeführt wird, wenn eine Filmvorlage auf eine Offsetplatte gebracht wird. Dabei sind vom Kopierer die wichtigsten Eigenschaften der Druckmaschine zu berücksichtigen, ggf. die Tonwertzunahme zu kompensieren bzw. das gewünschte Ergebnis in der Genauigkeit der Anordnung oder in der Qualität der zu druckenden Farben zu erreichen. Mit anderen Worten: Beim Nutzen des „Computer to Plate"-Verfahrens und noch mehr bei „Computer to Press" müssen die bekannten Werte der installierten Druckmaschinen und ihre Einstellparameter in passender Form bei der Aufbereitung der Daten berücksichtigt werden. Das bedeutet, daß die entsprechenden Werte so weit bekannt sein müssen, daß sie in der Aufbereitung der Daten, vor der eigentlichen Belichtung, eingestellt und manipuliert werden können.

Dies trifft in vollem Umfang – bei Vierfarbaufträgen – für das bekannte Problem des Überfüllens oder Unterfüllens zu. Diesem Problem begegnet man, indem man die entsprechende Fläche, die zur Unterfüllung neigt, etwas größer darstellen muß, als sie in Wirklichkeit ist, um beim Aneinandersetzen von verschiedenen Farbauszügen ein Blitzen oder eine ungewollte Schwärzung zu vermeiden. Für dieses Verfahren des Überfüllens oder Unterfüllens (Anmerkung: Im Englischen wird dieses Verfahren „Trapping" genannt) gibt es für die digitale Ausgabe einige Softwarepakete, die eine Datei daraufhin untersuchen, ob und wo Flächen aneinanderstoßen, die ungewolltes Blitzen oder Schwärzen hervorrufen können. Diese werden dann innerhalb vorzugebender Grenzen geändert, so daß die entsprechenden Flächen größer oder kleiner dargestellt werden, als sie ursprünglich in der Originalvorlage waren. Damit das Trapping auch wirksam durchgeführt werden kann, bedarf es aber seitens des Bedieners einer ganz genauen Kenntnis der einzusetzenden Programme, aber noch viel mehr eine ebenso gute

**Computer to Plate
Computer to Press**

Kenntnis der Erzeugung der einzelnen Farben in der Druckmaschine und deren besondere Möglichkeiten und Grenzen.

Sind alle diese Anforderungen von dem Bedienpersonal und unter der Anwendung geeigneter Hard-und Softwareeinrichtung erfüllt worden, so ist sicherzustellen, daß das Ausschießschema, das von den nachgeschalteten Falzeinrichtungen vorgegeben ist, auch erzeugt wird. Dafür gibt es inzwischen Softwarepakete auf dem Markt, wie z.B. „Aldus-Presswise", Farukh „Imposition-Publisher", sowie Ultimate „Impostrip", um nur einige zu nennen. Diese Programme gestatten es, die Seiten, die in PostScript-Format angeliefert werden, in symbolischer Form auf dem Bildschirm in nahezu beliebiger Form anzuordnen. Dazu gehört auch, sie zu drehen, d.h. Kopf an Kopf oder Steg an Steg zu setzen und entsprechend dem gewünschten Ausschießschema voll- oder semiautomatisch auszuschießen, um sie dann zu belichten. Zusätzlich gibt es Möglichkeiten, Markierungen, Passermarken, Paßkreuze und Signaturen zu erzeugen, wie sie für die Weiterverarbeitung erforderlich sind, und diese auf dem Bogen an der richtigen Stelle und sehr genau unterzubringen.

Im Gegensatz zum Inhalt der auszuschießenden Seiten, der nicht angezeigt wird, lassen sich die äußeren Konturen und die Hilfsanweisungen im allgemeinen sehr gut auf dem Bildschirm darstellen. Sie sind in entsprechender Vergrößerung natürlich dann auch lesbar bzw. gut erkennbar. Die Zeitungsherstellung hat es hierbei insofern einfacher, weil dieser Schritt des Auschießens, in seiner ganzen Komplexität, schlicht wegfällt. Bei der Zeitung geht es von der Ganzseite direkt auf die Platte.

Da PostScript eine sehr umfangreiche Seitenbeschreibungs- und Programmiersprache ist, kann in diesen Dateien direkt nur sehr umständlich korrigiert oder editiert werden. Man müßte zu diesem Zweck in die Datei selbst einsteigen und die als grafische Fahrbefehle abgebildeten PostScript-Signale wie einen Text korrigieren. Das ist sehr kompliziert.

Zur Verdeutlichung dieser Behauptung zeigen die folgenden Zeilen einen winzigen Ausschnitt der Seite 78, umgeformt in eine PostScript-Anweisung. Diese PostScript-Anweisung kann zwar jeder PostScript-fähige Drucker oder Recorder verstehen, aber sicher nicht jeder Mensch. Übrigens hat die gesamte Seite 78 im PostScript-Format – ohne Zeichensätze – einen Datenumfang von ca. 20 kB, enthält 19.230 Anschläge in 3.055 Worten und 864 Zeilen.

```
%!PS-Adobe-3.0
%%Title: (DDG II; S 78 - PS.Vorlage)
%%Creator: (RagTime 3.2: LaserWriter 8 D1-8.3.3)
%%CreationDate: (10:08 Uhr Dienstag, 20. August 1996)
%%For: (GSS)
%%Pages: 1
%%DocumentFonts: Times-Roman
%%DocumentNeededFonts: Times-Roman
%%DocumentSuppliedFonts:
%%DocumentData: Clean7Bit
%%PageOrder: Ascend
%%Orientation: Portrait
%%DocumentMedia: Default 595 842 0 () ()
%ADO_ImageableArea: 29 31 567 812
%%EndComments
userdict begin/dscInfo 5 dict dup begin
/Title(DDG II; S 78 - PS.Vorlage)def
/Creator(RagTime 3.2: LaserWriter 8 D1-8.3.3)def
/CreationDate(10:08 Uhr Dienstag, 20. August 1996)def
/For(GSS)def
```

Es ist bestimmt einzusehen, daß die Kunst, diese kryptische Sprache richtig zu korrigieren, nur wenigen Zeitgenossen gegeben ist.

Aus diesem Grunde bemühen sich einige Hersteller von Ausschießprogrammen, die PostScript-Signale auch auf dem Bildschirm lesbar zu machen, um sie direkt am Bildschirm in letzter Minute manipulieren oder prüfen zu können. Bisher ist nur die Signa-Station von Linotype-Hell dazu in der Lage, die PostScript-Signale direkt als Bild auf den Bildschirm wie-

Computer to Plate
Computer to Press

derzugeben. Man benutzt zu diesem Zweck einen Rechner mit einem besonderen Betriebssystem, dem „NextStep", bzw. „OpenStep" (ein Unix-Derivat), welches von der Fa. NeXT entwickelt und vertrieben wird. NeXT setzt, anders als andere Workstations, eine gleichartige Seitenbeschreibungssprache, sowohl für die Bildschirmdarstellung als auch für den Drucker ein. Dieses „Display PostScript"-Format ermöglicht es, die empfangenen PostScript-Signale als Bildschirmrasterpunkte aufbereitet zu sehen, sie aber nicht zu manipulieren, jedenfalls bis jetzt nicht.

Das hört sich natürlich gut an und ist auch beeindruckend zu sehen. Den damit verbundenen Komfort bezahlt man allerdings mit einem sehr aufwendigen Rechenprozeß, der geraume Rechenzeit in Anspruch nimmt. Als Lohn für´s Warten erhält man aber echtes WYSIWYG (What You See Is What You Get oder Was Du siehst, das kriegst Du auch) auf dem Bildschirm, einschließlich aller Grafiken, Zeichensätze oder was immer in der Datei enthalten war. Jeder Umbruch stimmt, auf dem Bildschirm wie im Belichter. Hat man nun sämtliche Daten in aufgerippter Form in einer geigneten sehr großen und schnellen Festplatte am Plattenbelichter zwischengespeichert und die Belichtung begonnen, so ist nach einigen Minuten die Platte belichtet und, je nach Ausführung der Maschine, unter Umständen automatisch entwickelt und fertiggestellt.

Es ist nicht schwer vorherzusagen, daß die dazu verwendeten Rasterwerte, die im RIP erzeugt und auf Festplatte abgelegt wurden, für die weitere Verwertung, z.B. die Farbzuführung der Druckmaschine, verwendet werden können. Es ist ohne weiteres möglich, z.B. die entsprechenden Farbdaten der Platte an die Druckmaschine – online – weiterzuleiten und über eine digital einzustellende Farbsteuerung die Farbzuführung der Druckplatte zu beeinflussen. Eine erneute Abtastung der Platte in einem Plattenscanner wäre dann in vielen Fällen nicht mehr erforderlich. Darüber hinaus enthält bereits die ausgeschossene Form, wie sie mit dem Ausschießprogramm erzeugt wird, viele Informationen für die spätere Weiterverarbeitung, sei es falzen, schneiden, binden etc.

Das Fraunhofer Institut für Graphische Datenverarbeitung mit Sitz in Darmstadt, hat in anerkennenswerter Weise den Versuch unternommen, einen von allen anerkannten Standard zu schaffen, der die Bereitstellung und automatisierte Auswertung all dieser Daten ermöglicht. Das vorgeschlagene Format hat den Namen CIP 3-Print Production Format (Cooperation for Integration of Prepress, Press and Postpress) und wird inzwischen weltweit von mehr als 18 Herstellern unterstützt. Es wird nicht mehr lange dauern, bis die Anwender auf diese Weise und Schritt für Schritt die heute noch einzelnen Prozeßschritte miteinander verknüpfen können. Sie sollten Ihren Lieferanten auf seine Möglichkeiten dazu ansprechen.

2.2 Ein „Computer to Press"-System

Fast alle Ausführungen, die oben zu „Computer to Plate"-Systemen gemacht wurden, sind auch beim Einsatz von „Computer to Press"-Systemen zutreffend. Es gibt jedoch einige wesentliche Unterschiede, die bekannt und in ihren Auswirkungen abgeschätzt sein sollten.

1. **Format**
2. **Auflösung**
3. **Farbeinsatz**
4. **Einsatzbereiche**

1. Format:
Die angebotenen Systeme auf Offsetbasis wie Heidelberg Quickmaster DI oder Kopiererbasis wie E 1000 von Indigo oder Xeikon/Chromapress sind für Formate bis A3 oder A4 ausgelegt. Das Format ist mit seiner Fläche dem Datenvolumen, das zu bearbeiten ist, direkt proportional: kleine Fläche = kleines Volumen; große Fläche = großes Volumen. Das heißt, daß für diese Systeme relative kleine Datenvolumen zu bearbeiten, zu speichern, auszugeben und zu verwalten sind. Zumindest im Ausgabeteil, also dort wo es

direkt auf die Druckwalze oder die Kopiertrommel geht, kann das zu nicht unerheblichen Erleichterungen führen.

2. Auflösung
Mit Ausnahme der Quickmaster DI, die bis zu 2.540 dpi (oder 100 Punkte/mm) auflöst, sind die Auflösungswerte der anderen beiden Systeme auf 600 oder 800 dpi beschränkt. Die Auflösung als lineares Maß geht aber quadratisch in die Datenmenge und damit in die Auslegung der Übertragungskapazitäten und Speichervolumen ein. Halbe Auflösung = ein Viertel der Datenmenge. Auch hier ist, wenn die erreichbare Endqualität akzeptabel ist, eine Verringerung der Anforderungen im Vorstufenbereich denkbar.

3. Farbeinsatz
Alle „Computer to Press"-Systeme sind ausschließlich für den Vierfarbeinsatz konzipiert. Das heißt, daß die damit verbundenen Fragen wie Farbseparation, -Kalibrierung oder Color Management gut verstanden werden sollten, bevor man sie einsetzen kann. Auch die Auftragsstruktur sollte dem Einsatzfeld entsprechen. Für Schwarzweiß-Aufträge oder Schmuckfarbenaufträge dürfte sich ihr Einsatz kaum lohnen.

4. Einsatzbereiche
„Computer to Press"-Systeme sind für 4C-Aufträge im kleinen Format und für kurze Laufzeiten gebaut. Sie für andere Aufträge einzusetzen, wäre schnell unwirtschaftlich. Der Markt für diese Art Drucksachen ist aber derzeit von der Nachfrage her noch deutlich unterentwickelt. Aber alle Experten sind sich sicher, daß dieser Markt schnell wachsen wird. Nur wann, weiß keiner so genau! Es kann sich durchaus ergeben, daß die Nachfrage erst durch geeignete Angebote stimuliert werden muß. Vielleicht im Sinne des Colorshops um die Ecke? Ob das dann allerdings die gestandenen Offsetdrucker sein werden, ist eher zweifelhaft.

2.2 Ein „Computer to Press"-System

Zusammenfassung

Wir haben bei der groben Durchsicht der verschiedenen Teilsysteme des gesamten „Computer to Plates/ to Press"-Verfahrens gesehen, daß das Zusammenspiel vieler, genau zu überlegender Einzelkomponenten erst zu einem sinnvollen System für die Produktion von Proofs und Druckplatten führt. Erst durch die Existenz von heute weltweit akzeptierten Standards von Programmen und Übertragungsprotokollen ist ein direktes Zusammenwirken der verschiedensten und von unterschiedlichsten Lieferanten kommenden Teile des Systems möglich geworden. Wir haben bemerkt, daß es mit dem Drucken allein in Zukunft nicht mehr getan sein wird. Der Kunde, die Agentur oder wer immer der Auftraggeber sein wird, will aus seiner Datei mehrfachen Nutzen ziehen. Als Druck in Qualität und Auflage, als CD-ROM mit Berechnungen und Animation und evtl. als Internetangebot. Das bedeutet eine neue Chance für die Informationsvervielfältiger, die die Drucker bisher immer schon waren, es aber bisher nicht so recht gewußt haben. Neue Chancen gibt es nicht ohne neue Risiken. Diese wollen wir überschaubar und kalkulierbar machen. Die genauere Betrachtung der wichtigsten Einzelkomponenten dieser Systeme in Hard- und Software ist Gegenstand der nächsten Kapitel.

Kapitel 3

Die Prinzipien der Direktbelichtung

Um das Gesamtsystem „Computer to Plate" zu verstehen, ist es sinnvoll, sich alle einzelnen Komponenten in ihrer Technologie anzuschauen und ihre Möglichkeiten und Grenzen für den Einsatz im Praxisalltag einer Druckerei zu beleuchten. Dies wollen wir in diesem und den folgenden Kapiteln tun. Dabei werden wir von hinten nach vorne vorgehen. Wir beginnen mit der für unsere Aufgaben entscheidenden Ausgabeeinheit, dem Belichter. Dieser lenkt den Laserstrahl auf die lichtempfindliche Offsetdruckplatte. Wir wollen uns im folgenden damit beschäftigen, welche verschiedenen Möglichkeiten es gibt und wie sie genutzt werden sowie welche Vor- oder Nachteile, soweit heute schon erkennbar, aus den verschiedenen Konstruktionsprinzipien für den Anwender zu ersehen sind.

Belichter zu Direktbelichtung

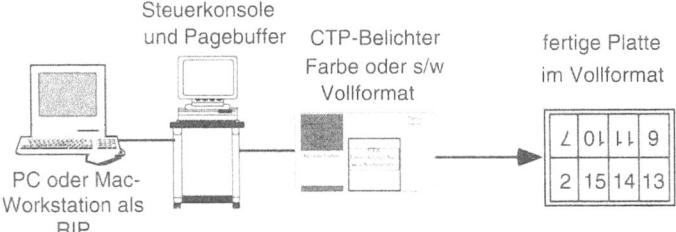

Bild 22:
Die Ausgabe auf die Platte

Prinzipien der Direktbelichtung

3.1 Die Aufgabe

Jeder Belichter hat die Aufgabe, einen sehr fein fokussierten Laserstrahl über eine recht große Fläche so zu führen, daß er die Gesamtfläche homogen überstreicht und überlappend Laserpunkt an Laserpunkt setzen kann. Die Zeit, die benötigt wird, um den Laserstrahl über die gesamte Fläche zu führen, ist die Belichtungszeit. Sie sollte möglichst kurz sein. Zur Lösung dieser Aufgabe haben sich die Ingenieure heute drei Verfahren ausgedacht.

3.2 Das Innentrommelbelichtungsprinzip

Viele der derzeit angebotenen Plattenbelichter arbeiten nach dem Innentrommelprinzip. Das bedeutet, daß eine Trommel von ca. 600 mm Durchmesser und ca. 1.200 mm Länge etwa in der Mitte aufgeschnitten wird. Die verbleibende Halbtrommel dient als Bett für die Offsetplatte. Der Trommeldurchmesser und ihre Länge müssen groß genug gewählt werden, damit es leicht möglich ist, eine etwas steife Metallplatte ohne allzu großen Druck an ihre Innenkontur anzulehnen. Dabei ist darauf zu achten, daß die Abweichungen von der idealen Zylinderform möglichst wenige µm nicht überschreiten. Bild 23 zeigt das Prinzip einer solchen Konstruktion Auf der nächsten Seite sehen wir ein Foto (Bild 24) einer ausgeführten Innentrommelbelichtungsmaschine, hergestellt von Gerber Systems, vertrieben von der POLY-CHROME GmbH.

Bild 23: Innentrommel-Belichter-Prinzip

3.2.1 Die Funktion

Ein Argon-Ionen-Laser (Edelgaslaser) erzeugt einen kontinuierlichen Laserstrahl, der über ein optisches System auf einen in der Drehachse des Zylinders befindlichen Umlenkspiegel mit 45 Grad Neigung gelenkt wird. Der Umlenkspiegel lenkt den Laserstrahl senkrecht auf die unter ihm liegende Trommelfläche ab. Bei Drehung des Umlenkspiegels wird der Laserstrahl ebenfalls mitgedreht und beschreibt so einen Kreis senkrecht zur Zylinderachse. Wenn man nun den Umlenkspiegel in Richtung der Zylinderachse verschiebt und diese Bewegung sehr gleichförmig macht, dann beschreibt der Laserstrahl eine Wendel (fälschlich oft Spirale genannt). Ein Teil dieser Wendel wird von der Plattenoberfläche aufgenommen. Ein anderer Teil geht in den schwarzen Innenraum des Belichters.

Bild 24:
Ausgeführtes Gerät
(Gerber Systems)

Ein optisches System dieser Art erfordert erhebliche konstruktive Aufwendungen. Einerseits muß man den Laserstrahl sehr schnell über die Innentrommelfläche leiten, andererseits die Bewegung so gleichförmig machen, daß wirklich Punkt an Punkt in x- und y-Richtung aneinandergesetzt wird und keine erkennbaren Abweichungen der Punkte zueinander sichtbar werden. Auch sind die Anforderungen an die Genauigkeit bei der Herstellung der Trommel sehr hoch. Die zulässigen Abweichungen von der idealen

Prinzipien der Direktbelichtung

Zylinderform dürfen nur im μm-Bereich liegen. Das sind extrem hohe Anforderungen, wenn man bedenkt, daß diese Genauigkeit auf einer Trommellänge von 1.200 mm bei einem Durchmesser von 500 bis 600 mm einzuhalten ist. Üblich sind – aus Stabilitätsgründen – Aluminiumgußzylinder, die von Präzisionsdreh- und Schleifmaschinen auf ihr Endmaß gebracht werden.

Für den Einsatz von Filmen statt Platten gibt es Innentrommelbelichter mit sehr engen Trommeldurchmessern. Als Ausgleich für den damit verbundenen Flächenverlust haben sie einen Öffnungswinkel von bis zu 280 Grad. Enge Durchmesser sind für Film zulässig, da dieser wesentlich schmiegsamer ist, als jede metallische Platte. Auf der anderen Seite ist bei Öffnungswinkeln der Innentrommel von >180 Grad zu bedenken, daß unter Umständen der Laserpunkt, wenn auch noch so gering, auf die andere Seite der Trommel reflektiert wird. Daraus können leicht Geisterbilder und entsprechende Störungen entstehen. Gute Trommelbelichter vermeiden deshalb diesen unerwünschten Nebeneffekt von vornherein und bilden die Innentrommel mit weniger als 180 Grad Öffnungswinkel aus.

Die Platte wird nun mit ihrer lichtempfindlichen Schicht nach innen, von Hand oder automatisch, in die Innentrommel gelegt und durch ein geeignetes Vakuumsystem in der Form der Innentrommel festgehalten. Die Feststellung der Platte in der Trommel ist je nach Typ sehr verschieden.

Beim Beispiel Gerber-Belichter wird durch 2 Anschlagstifte auf der oberen Seite der Innentrommel registriert, ob die Plattenkante die Registerstifte berührt oder nicht. Nur beim Berühren ergibt sich ein elektrischer Kontakt, der anzeigt, daß die Platte tatsächlich anstößt und somit mit der Greiferkante abschließt. Der Dreh-Umlenkspiegel wird nun mit hoher Geschwindigkeit in die Startposition gefahren und lenkt den Laserstrahl an den vorderen Außenrand der Trommel, der nicht von der Platte bedeckt ist. Ein unter der Platte in dieser Position angebrachter Sensor erkennt das Laserlicht solange, wie er nicht von der Plattenkante überdeckt wird. In dem Moment, wo der Laserstrahl von der Plattenkante abgedeckt wird, erkennt der angeschlossene

3.2 Innentrommelprinzip

Rechner das Fehlen des Laserlichtes und über den Winkelgeber des Drehspiegels die genaue Position der Plattenkante. Auf diese Weise wird, zumindest in diesem System, die genaue Ortsbestimmung der Plattenkante durchgeführt. Damit ist auch die genaue Orts- und Lagebestimmung für die auf der Platte zu positionierenden Ganzseiten gemacht.

Im Falle des Gerber-Gerätes fängt der Drehspiegel jetzt an, mit hoher Geschwindigkeit zu rotieren. Man will den Laserpunkt möglichst schnell vom Anfang zum Ende der Platte führen. In diesem Falle mit ca. 12.000 Umdrehungen/Minute, bzw. mit 18.000 U/min bei der High-Speed Ausführung. Aufgrund einer Rückmeldung der jeweiligen Winkelposition des Drehspiegelmotors weiß der Rechner, im Vergleich zur vorliegenden Rasterdatei, wann der Laserstrahl die Platte berührt und wann nicht und wo der Punkt sich genau befindet. Entsprechend seiner Berührungsdauer wird der Laserpunkt wechselweise eingeschaltet oder ausgeschaltet. Genauer gesagt, durch ein geeignetes optisches System wird der Laserstrahl in eine andere Richtung gelenkt, wenn er die Platte nicht belichten soll, bzw. durchgeschaltet, wenn er die Platte belichten soll.

Der Umlenkspiegel selber wird durch eine Spindel über die Zylinder-Mittelachse gezogen. Zur Erhöhung der Genauigkeit ist die Spindel jedoch nur das durchführende Transportmittel in Richtung der Zylinderachse, sozusagen die Kraft zum Ziehen. Die Führung des Spiegels, von der die Qualität der zu belichtenden Seiten, ganz besonders wichtig bei Farbe, abhängt, wird durch eine geschliffene Führungsschiene besonderer Art erledigt. Der Drehspiegel und sein Antriebsmotor sind über eine spezielle Magnetkopplung mit dieser Führung verbunden. Diese ist sehr präzise geschliffen, um den Antriebskopf genau und mit minimalen Abweichungen im Bereich weniger µm über die Zylinderachse zu führen.

Die Auflösung, d.h. der Strahldurchmesser und die Adressierbarkeit der Aufzeichnung, wird durch eine Verkleinerung oder Vergrößerung des Brennfleckes des Laserstrahles erreicht. Je feiner der Brennfleck eingestellt ist, desto höher

Prinzipien der Direktbelichtung

wird die erreichbare Adressierung und Auflösung. Maximal erreicht diese Maschine 3.800 dpi.

Entsprechend langsam muß bei dieser hohen Auflösung der Vorschub eingestellt sein, um durch den Drehspiegel die Punkte enger auf der Innentrommel liegen zu lassen.

Laserrecorder dieser Ausführung haben den großen Vorteil, daß sie kompakt zu bauen sind, obwohl sie recht große, mechanisch interessante Maße verarbeiten können. Formate im 3B-Format oder kleiner sind üblich. Andere Hersteller wie z.B. Krause Biagosch bieten Formate bis zu 1.400 x 1.700 mm mit einer ähnlichen Konstruktion.

Es liegt auf der Hand, daß durch den Einsatz der Krümmung der Trommel die Gesamtmaße des Belichters klein gehalten werden können, obwohl die belichtbaren Plattenformate schon recht groß sind. Durch Erhöhung oder Reduzierung der Drehgeschwindigkeit des Umlenkspiegels lassen sich die Belichtungszeiten an die Auflösung anpassen.

Will man die Belichtungszeit bei dieser Konstruktion verkürzen, dann muß sich der Drehspiegel deutlich schneller drehen. Verschiedene andere Maßnahmen müssen zusätzlich getroffen werden, damit keine Störungen bei dieser hohen Drehzahl auftreten. Gerber Systems bietet dafür einen Aufrüstsatz (HS für High Speed), der u.a. eine 50%ige Erhöhung der Drehzahl des Drehspiegels bewirkt. Auf diese Weise wird die reine Belichtungszeit um 1/3 reduziert.

Belichter dieser Bauart, aber mit zum Teil erheblichen Unterschieden in der Größe der Trommel, der Schnelligkeit bei der Belichtung und Art der Laser, werden von der Linotype-Hell AG unter dem Produktnamen Gutenberg sowie von Krause Biagosch, als Wannenbelichter LS 110 und 170 gebaut und angeboten.

3.3 Die Außentrommellösung

Eine Umkehrung des Innentrommelprinzips, aber ebenfalls die Verwendung von Krümmung zur Aufwicklung von großen Formaten, ist die Außentrommellösung. Eingesetzt wird diese Methode zum Beispiel von CREO und in der Optronics Maschine, die unter anderem auch von der Fa. Misomex eingesetzt wird. Ein Zylinder, ähnlich einem Druckmaschinenzylinder, wird verwendet, um als Aufnahmetrommel für die Druckplatte zu dienen. Die Platte wird in die geeignete Position gebracht, durch mechanische Klemmung gehalten und um den Zylinder gewickelt.

3.3.1 Die Funktion

Ein außen angebrachter Laser, mit 8, 16 oder im Falle von CREO mit 480 Laserstrahlen, wird auf die Platte, die ihrerseits mit dem Zylinder rotiert, gerichtet. Aufgrund der Maße des Zylinders und seiner Masse ist es verständlich, daß die zulässigen Drehzahlen nur im Bereich von einigen Hundert pro Minute liegen können, da sonst die Fliehkräfte dafür sorgen würden, daß der Zylinder rattert oder sogar zerstört wird. Üblich sind Umdrehungszahlen von etwa 70 bis 300 U/min. Selbst bei diesen geringen Drehzahlen ist die Unwucht, die durch die Platte entsteht, schon auszugleichen. Da auf diese Weise die Belichtung mit einem einzigen Laserstrahl doch zu lange dauern würde, werden mehrere Laserstrahlen gleichzeitig und ineinander verschachtelt auf die Außentrommel geschickt. Bild 25 zeigt das Prinzip der Außentrommelbelichter. Für die Verkürzung der Belichtungszeit ist bei dieser Konstruktion hilfreich, daß der Umschließungswinkel der Platte um den Zylinder größer als 180 Grad ist, so daß bei einer Umdrehung mehr Fläche belichtet wird, als auf einem gleichgroßen Innentrommelbelichter. Trotzdem sind Geschwindigkeitssteigerungen notwendig.

Prinzipien der Direktbelichtung

*Bild 25:
Recorder mit
Außentrommelprinzip;
oben: mehrfache
Laserstrahlen, unten:
Einzellaserstrahlen*

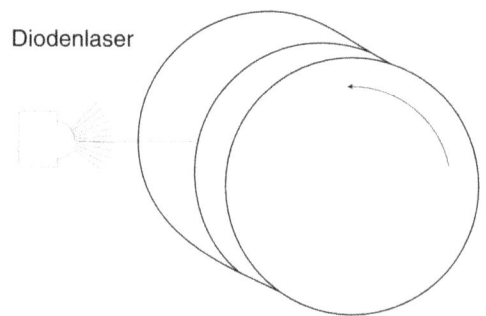

Diese werden durch eine Vervielfachung des Laserstrahles erreicht, die dann ineinandergeschachtelt auf die Trommel belichtet werden: multiple (mehrfach-) Laserstrahlen durch Strahlaufteilung.

Ein geschickter Weg zur Vervielfachung der Laserstrahlen ist die gleichzeitige Erzeugung und Modulierung vieler Laserstrahlen durch eine große Anzahl gleicher, z.B akusto-optisch gesteuerter Durchlässe, die aus einem breit aufgefächerten Laserstrahl viele – einzeln steuerbare – Strahlen herstellen. Diesen Weg ist CREO gegangen, indem die Strahlung einer Laserdiode optisch verbreitert wurde und der so gewonnene breite Strahl auf einen Spezialverschluß gelenkt wird mit 480 mikroskopisch kleinen, einzeln steuerbaren Öffnungen.

3.3 Außentrommelprinzip

Dieser patentierte akusto-optische Spezialverschluß sorgt für eine gleichmäßige Lichtenergie jedes einzelnen Strahles und auch dafür, ob er an- oder abgeschaltet wird. Damit der Laser im vorteilhaften Grün/Blau-Bereich strahlt, nutzt man das Licht der Laserdioden mit der Wellenlänge von 1064 nm zum Anregen von Laserlicht in einem YAG-Laser. Der YAG-Kristall kann in mehreren Wellenlängen strahlen: mit der Grundfrequenz, der doppelten Frequenz, der dreifachen Frequenz usw. Durch geeignete konstruktive Maßnahmen wird nur die doppelte Frequenz, also die halbe Wellenlänge, besonders angeregt und ausgekoppelt. Auf diese Weise entsteht aus rotem Laserlicht grünes Laserlicht. Das hat in der Praxis mehrere Vorteile, u.a. die leichtere Beschickbarkeit mit rot unempfindlichen CTP-Platten.

Auf diese Weise wird erreicht, daß die Aufzeichnungsgeschwindigkeit pro Platte sehr schnell wird und nur im Zwei-Minutenbereich liegt, selbst bei geringer Trommelumdrehung von ca. 70 U/min, und damit unkritisch gegenüber Zentripedalkräften ist.

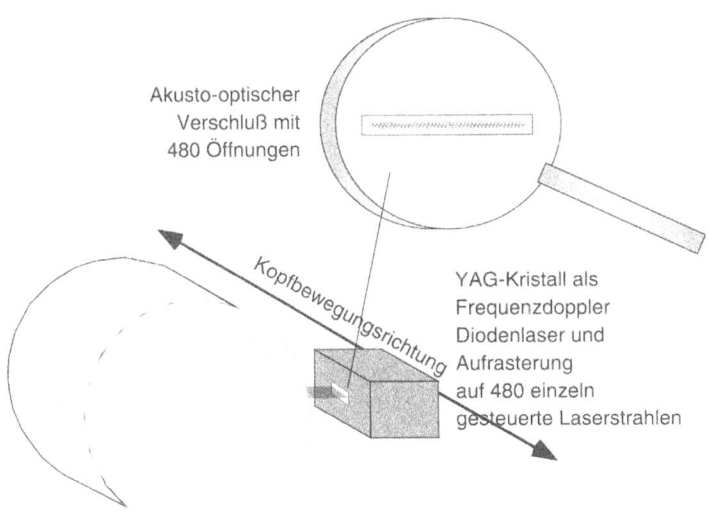

Bild 26:
Außentrommelbelichter
mit Multistrahlverschluß
von CREO

Eine andere Möglichkeit dazu ist die Aufteilung eines einzelnen kräftigen Laserstrahles durch eine geeignete Anzahl von Optiken und Spiegeln. Diese „dichroitischen Spiegel" lassen jeweils die Hälfte des Laserstrahles durch und reflektieren die andere Hälfte auf die Trommel. Der durchgelasse-

Prinzipien der Direktbelichtung

ne Strahl fällt auf einen dahintergeschalteten Spiegel gleicher Art, und das Spiel wiederholt sich. Auf diese Weise werden aus einem Strahl mehrere Strahlen erzeugt. Bis zu 32 Strahlen werden auf diese oder ähnliche Weise in einigen Konstruktionen eingesetzt. Da die Laserstrahlen bedingt durch diese Methode eine unterschiedliche Energie haben, muß die Energie des einzelnen Strahles durch entsprechende Filter auf gleiches Niveau reduziert werden, damit dann alle Strahlen auf der lichtempfindlichen Schicht der Platte die gleiche Energie enthalten.

In beiden Fällen ist die dazu erforderliche Optik kompliziert, aufwendig herzustellen und zu justieren. Sie wird daher unter kontrollierten Bedingungen immer fabrikseitig eingestellt. Vorteilhaft an einer Diodenlösung ist die lange Lebensdauer der Dioden.

3.4 Die Flachbettlösung

Für eine Aluminium-Offsetplatte ist die beste Beschickungs- und Transportmethode, bezogen auf ihr Eigenverhalten, sicherlich die Flachbettlösung. Viele tausend Kopiermaschinen machen vor, wie einfach eine Maschine mit Flachbettaufnahme zu bestücken ist und wie einfach die belichtete Platte zu entnehmen ist. Auf der anderen Seite ist die Belichtung in einer Flachbettmaschine mit nur einem Laserstrahl und für größere Formate ausgesprochen schwierig und stellt den Konstrukteur vor nicht wenige Probleme. Der Grund liegt darin, daß der Laserstrahl über diese ebene Fläche gelenkt werden muß. Dies geschieht meist in Form einer Drehbewegung des Strahles um einen Mittelpunkt.

3.4 Flachbettlösung

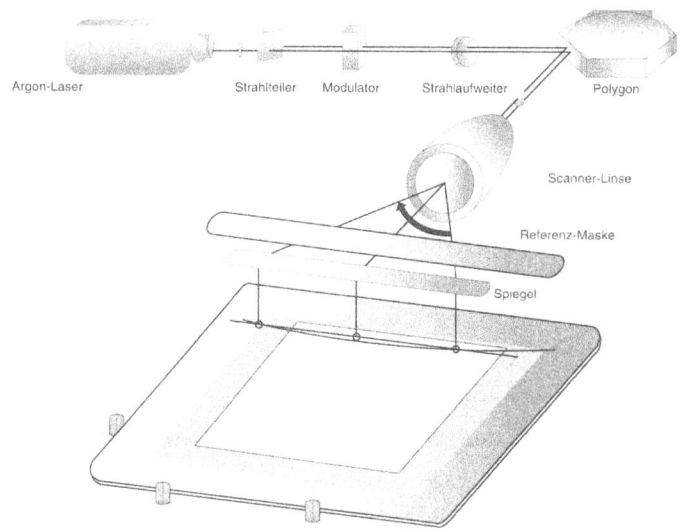

Bild 27:
Verzerrungsursachen beim Flachbettprinzip mit zentralem Polygonspiegel

3.4.1 Die Funktion

Die Ablenkung durch Polygonspiegel

Diese Drehbewegung wird häufig durch einen Polygonspiegel erzeugt, der einen Laserstrahl aus einem Dioden- oder Gaslaser über die Fläche reflektiert. Schiebt man nun die Platte gleichmäßig in Z-Richtung vor, so wird sie Linie für Linie durch den Polygonspiegel belichtet. Aufgrund der zentralen Anordnung des Drehspiegels wird der Laserstrahl aber nur in der Mitte der Platte kreisförmig sein. Er wird, je weiter er ausgelenkt wird, immer mehr in Richtung einer Ellipse verformt werden. Diese zwanghafte elliptische Verformung des Auftreffpunktes muß durch geeignete Linsensysteme, ausgebildet als große und auch schwere Zylinderlinsen (Thetalinsen), kompensiert werden. Darüber hinaus hat der Laserstrahl, je nach dem auf welcher Stelle der Platte er trifft, eine unterschiedlich hohe Ablenkgeschwindigkeit und damit Einwirkdauer. An den Rändern ist diese Ablenkgeschwindigkeit geringer als in der Mitte. Entsprechend ist bei gleicher Energie des Strahles die Schwärzung der Platte je nach Auftreffpunkt unterschiedlich groß. Damit würden sich unterschiedliche Dichtewerte ergeben. Zur Vermeidung einer Dichte-Änderung muß daher dieser Energieunterschied durch eine geeignete Filterung kompensiert werden.

Häufig haben deswegen Flachbettbelichter sowohl einen Laserstrahl für die Belichtung der Platte als auch einen zweiten Pilotstrahl der, aus dem ersten ausgekoppelt und über weite Strecken mitgeführt, die genaue Position des ersten Laserstrahls zurückmeldet. Mit Hilfe einer genauen optischen Karte der Oberfläche und damit einer Kenntnis der jeweiligen Parameter des zu belichtenden Ortes können geeignete Softwareprogramme im Computer die Soll-Stärke des Laserstrahls berechnen und Kompensationsfilter entsprechend verstellen.

Die Technik zur Kompensation des abgelenkten Laserstrahles wird um so aufwendiger, je größer die zu belichtende Fläche sein muß. Aus diesem Grunde sind Flachbettbelichter bisher nur für Formate bis maximal 560 x 710 mm – technisch ausgereift – bekannt geworden. Dazu gehören unter anderem Systeme wie Gerber 2800, Crossfield und der LS 100 von Agfa/Strobbe. Deshalb werden Flachbettbelichter im allgemeinen nicht für allerhöchste Qualitätsanforderungen bei gleichzeitig großen Plattenformaten eingesetzt.

Eine Ausnahme bildet die Belichterkonstruktion von Barco Graphics Lithosetter III und Lithosetter V. Beides sind großformatige Flachbettbelichter im 3er und 5er Format die mit dem oben beschriebenen Verfahren arbeiten. Zur Verringerung der unvermeidlichen Verzerrungen unter ein zu tolerierendes Maß für hohe Qualitätsanforderungen werden 3 bzw. 5 Laser mit optischen Fokussierungs- und Ablenkeinheiten nebeneinander eingesetzt.

Der wesentliche Vorteil ist, daß der Auslenkwinkel des Laserstrahles schmal bleibt, – der zu überstreichende Bogen ist gerade mal 256 mm breit – und daß die Belichtung durch die multiplen Laser sehr schnell, d.h. unter 2 Minuten für eine IIIb Platte, erfolgen kann. Es bleibt zu prüfen, ob diese Konstruktion die Überlappung der einzelnen Bahnen, Druckpunkt genau, zu garantieren im Stande ist; das ist

3.4 Flachbett-lösung

keine Kleinigkeit. Es ist aber zu erwarten, daß Barco dieses Problem gelöst hat. Die Fortschritte in der Lasertechnologie werden sicher dabei helfen, auch das Thema Laser-Lebensdauer positiv zu beantworten. Es tritt bei dieser Konstruktion 3fach oder 5fach auf.

Allerdings haben alle Flachbettbelichter den wesentlichen Vorteil, daß die Plattenzu- und -abführung und der Plattentransport einfach und robust aufzubauen ist. Die Platte läßt sich leicht aufspannen, durch Vakuum ansaugen und wieder entnehmen. Damit sind diese Belichter von der Konstruktion her

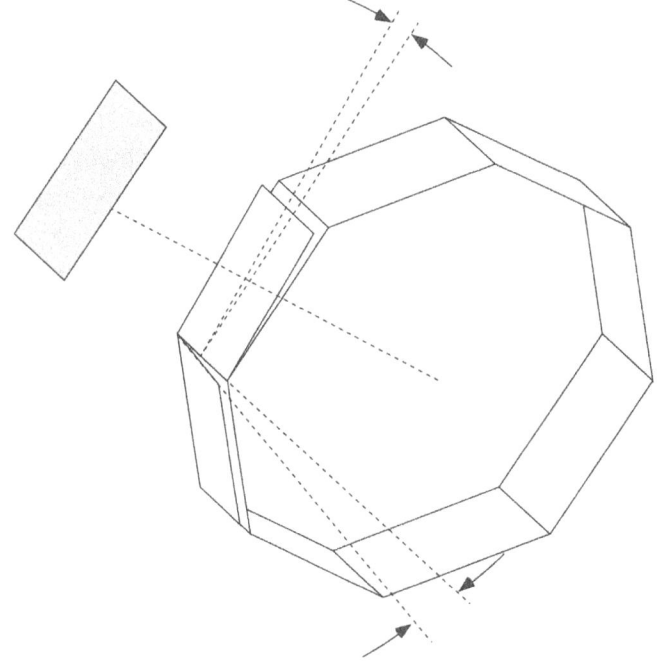

Bild 28:
Prinzip des Polygonspiegels mit Abweichung von der Idealform

für große Durchsatzmengen bei kleinen Formaten (mit der Ausnahme von Barco) geeignet. Man wird sie wohl in der Regel bei Zeitungen antreffen.

Für hohe Anforderungen, wie sie im Vierfarbbereich bei Rasterweiten größer 60 Linien/cm die Regel sind, kann noch eine weitere Eigenschaft wichtig werden. Die entsprechenden Polygonspiegel sind sehr genau auf der Oberfäche eines Zylinders angeordnet. Trotzdem haben sie untereinander eine, wenn auch geringe Abweichung zur idealen Position.

Prinzipien der Direktbelichtung

Diese Abweichung in der Ebene des einzelnen Polygonspiegels führt zu leicht schlangenförmigen Einzel-Linien bei der Aufzeichnung auf die lichtempfindliche Schicht. Dabei ist jede Linie jedes Polygonspiegels anders als die andere. Dies führt – insbesondere bei feinaufgelösten Rastern – zu einer unter Umständen sichtbaren Verdickung oder Verdünnung von Rasterpunkten und -flächen, die sich als Wolkeneffekt ausmachen läßt. Da sie für jede Farbe woanders liegen können, werden auch deswegen Flachbettbelichter typischer Bauform üblicherweise nur für mittlere Qualitäten in der Zeitungsanwendung und im Formulardruck eingesetzt.

Belichtung mit multiplen Laserstrahlen
Die Vorzüge der Flachbettbelichtung beim Platteneinzug, -auflage und -ausgabe haben auch die Konstrukteure von Versitec SA in der Schweiz erkannt. Sie haben einen Flachbettbelichter für Zeitungen gebaut, der die Vorzüge der Flachbettkonstruktion mit der Einfachheit eines Diodenlasers mit multiplen Strahlen verbindet. Die Platte wird automatisch auf Registerstifte oder an Stiftanschläge geladen und dann, wie bei einem Nadeldrucker, mit 256 Strahlen gleichzeitig von rechts nach links und von links nach rechts beschrieben. Die Strahlen werden wie beim CREO aus einem gemeinsamen Strahl gewonnen und über einen akusto-optischen Multiverschluß in 256 Strahlen zerlegt. Der Verschluß erlaubt, den Strahl ganz ein- oder ganz auszuschalten oder auch wie beim CREO die Intensität des Einzelstrahles nach interner Vorgabe zu messen und zu regeln. Auf diese Weise wird ein sehr gleichmäßiges Aufzeichnungsverhalten bei hoher Geschwindigkeit sichergestellt. Ein System dieser Art, überdies als Doppelanlage ausgeführt, belichtet um die 100 Zeitungsplatten pro Stunde.

3.5 Möglichkeiten und Grenzen der verschiedenen Prinzipien der Plattenbelichtung

Nachdem wir nun die unterschiedlichsten Bauformen von Belichtern zur Direktbelichtung von Platten kennengelernt haben, wollen wir uns mit den Möglichkeiten und Grenzen der einzelnen Konstruktionsprinzipien auseinandersetzen.

Wir wollen uns nun dazu mit den wesentlichen Unterschieden zwischen den Konstruktionen vertraut machen. Unser Ziel ist, eine Checkliste zu entwickeln, die uns auf einfache Weise anzeigt, welches Konstruktionsverfahren für den jeweiligen Verwendungszweck am geeignetsten erscheint. Dabei müssen wir selbst zwischen den technischen Lösungen zur Direktbelichtung unterscheiden. Das heißt folgende Punkte müssen beachtet werden:

1. **Das Verfahren, das angewendet wird:**

   - Außentrommel
   - Innentrommel oder
   - Flachbett

2. **Maximales und minimales Platten- und Bildformat**

3. **Maximale und minimale Auflösung und Adressierbarkeit (Qualität)**

4. **Einzusetzende RIPs. – Eigenbau des Herstellers oder Standardlösung**

   - Hardware-RIP
   - Software-RIP

5. **Art und Genauigkeit der Lösung zur Registerhaltigkeit (Qualität)**

6. **Erforderlicher Datendurchsatz durch den Belichter und RIP**

Prinzipien der Direktbelichtung

Die Positionen 3. bis 5. sind direkt bestimmend für die erreichbare Endqualität.

Da es sich bei der Direktbelichtung der Platte um die Erzeugung eines Endproduktes handelt, das möglichst ohne direkte Bedienung erstellt werden soll, sind auch die Zusatzaggregate zu betrachten, wie sie zur Plattenbeschickung und -entnahme sowie zur Online-Plattenentwicklung eingesetzt werden. Letztlich sollten wir auch den Systempreis nicht außer acht lassen. Diesen aber nicht isoliert betrachten, sondern immer im Zusammenhang mit der Möglichkeit des Anbieters, das System professionell zu installieren, in Betrieb zu nehmen und Wartung und Reparatur in vernünftiger Zeit in Anspruch nehmen zu können. Ein losgelöster Preis alleine ist sicherlich keine aussagefähige Größe.

Waren bis zur DRUPA 95 nur eine Handvoll Hersteller zu erkennen, die die Entwicklung von CTP-Belichtern gewagt haben und den Marktzugang selber über viele etablierte Prepress-Anbieter versucht haben, so gibt es seit der DRUPA 95 vielleicht schon zu viele Hersteller für CTP-Belichter. Heute zählen wir ca. 35 Hersteller, die über mehr als 40 Anbieter ihre Kunden zu finden hoffen. Konkurrenz belebt zwar das Geschäft, wie man so sagt, trägt aber in diesem Fall in hohem Maße zur Verwirrung der Abnehmer bei.

3.6 Die Formate

Ein sinnvolles Ordnungsprinzip der angebotenen Plattenbelichter sind die beherrschbaren Formate:

3.6.1 Formate bis 1.400 x 1.700 mm

Ordnet man die angebotenen Belichtungssysteme nach Plattengröße, so sind für das Format bis 1.400 x 1.700 mm heute neben dem Pionier Krause, auch weitere bekannte Anbieter zu finden. CREO überdeckt mit seinem Angebot von VLF-Systemen (Very large Format) ebenso diese Größe wie Barco Graphics aus Belgien mit dem Lithosetter V (1.350 mm x 1.650 mm).

Die Krause-Maschine geht auf eine dänische Entwicklung der Fa. Hope zurück, die bereits 1989 einen ersten funktionsfähigen Belichter vorstellte. Wohl aufgrund des hohen Preises und der speziellen elektronischen Ansteuerung hat diese Maschine bisher noch wenig Verbreitung gefunden. Eingesetzt wird sie fast ausschließlich in Betrieben mit großen Formaten und gleichzeitig geringeren Anforderungen an Auflösung und Passergenauigkeit. Soweit dem Autor bekannt, sind die Einsatzgebiete bisher so gut wie ausschließlich im Werkdruck. Obwohl es sich bei dieser Maschine um einen Innentrommelbelichter handelt, ist die Trommel nur gering ausgeformt. Man hat eine Wanne, als Plattenbett mit geringem Öffnungswinkel, in ein Granitbett gefräst. Während bei allen anderen Belichtern der Laserkopf oder der Drehspiegel in x- und y-Richtung über die Oberfläche der Trommel geführt wird, zieht man bei Krause das die Platte tragende Granitbett unter dem Laserkopf, der fest montiert ist, hinweg. Natürlich wird die x-Ablenkung durch einen Polygonspiegel mit dem Laserstrahl selbst erzeugt, während die Platte auf dem Granitbett in y-Richtung mit stetiger Geschwindigkeit unter dem Laserstrahl hinwegwandert. Der Vorteil dieser Konstruktion liegt in der Möglichkeit, auch Platten mit einer Stärke von bis zu 0,5 mm ohne große Verbiegungen und Spannungen aufzunehmen und sicher zu führen.

Durch die große Masse des Granitbettes ist jedoch die Fahrgeschwindigkeit des Plattenbettes begrenzt. Eine schnelle Rotation des Laserstrahles über die Plattenoberfläche hinweg muß für Geschwindigkeit sorgen. Bedingt durch die Größe bis zu 1.400 x 1.700 mm (Laserstar LX 170) ist die Maschine aufwendig gebaut und damit entsprechend teuer in der Produktion. Heute bietet Krause, wie alle anderen, einen Software-RIP, der auf entsprechend schneller Standardhardware die passenden Datenmengen dem Laserkopf zur Verfügung stellt. Die Plattenzuführung für dieses System ist manuell oder automatisch; soweit bekannt, sind Registerstifte für die passergenaue Einordnung der Platte

Prinzipien der Direktbelichtung

auf Wunsch vorgesehen. Anders als bei Krause ist die Maschine von CREO, Typ 5880, eine extrem schnelle Außentrommellösung. 480 Laserstrahlen verrichten ihren Dienst gleichzeitig und lassen zu, daß trotz der kurzen Belichtungszeit von ca. 4 Minuten pro Platte im vollen Format, die Trommel sich nur mit ca. 70 Umdrehungen pro Minute dreht. Das kommt insbesondere der Stabilität der Belichtung und damit der Qualität zugute. Die Maschine ist immer als Vollautomat ausgelegt und kann aus 2, 4 oder 6 Magazinen Platten gleicher oder verschiedener Größe entnehmen.

Als Dritter im Bunde ist die Lasersetter V von Barco Graphics zu nennen. Barco hat sich der Flachbettmethode mit Belichtung durch einen (oder mehreren) jeweils zentralen Laserstrahl verschrieben. Zur Verringerung von geometrischen Verzerrungen (siehe auch Seite 77,93) wird der Ablenkwinkel des Laserstrahles klein gehalten. Die überdeckte Breite liegt bei nur 270 mm. Sie wird durch Scanlinien mit der gewählten Auflösung gefüllt, die quer zur y-Richtung laufen. Die nebeneinander stehenden Bänder werden durch 4 weitere Laserstrahlen mit eigener Quelle (Argon-Ionen-Gaslaser) und eigener Optik abgedeckt. Man kann sich das am einfachsten so vorstellen, als ob 5 Bänder von je 270 mm Breite gleichzeitig nebeneinander geschrieben werden. Die Notwendigkeit der Passung an den Rändern der Bänder wird durch spezielle optische und elektronische Mittel sichergestellt. Die Bewegung in y-Richtung wird ebenfalls durch die Laser mit ihren Optiken durchgeführt, die zu diesem Zweck auf Luftkissen gelagert sind. Auch die Barco-Belichter sind sehr schnell. Angegeben werden 4,75 Minuten bei 2.000 dpi bzw. in der qualitativ besseren Q Version 5,5 Minuten bei 2.540 dpi. Die Plattenzu- und -abführung erfolgt auch bei Barco vollautomatisch. Vier verschiedene Einschübe können mit bis zu 100 Platten verschiedener Größe geladen werden. Ebenso wie bei CREO können sowohl Platten als auch Filme belichtet werden.

3.6.2 Formate bis 1.040 x 1.920 mm

Das nächstkleinere Format wird durch Produkte der Firmen CREO aus der VLF-Baureihe und Optronics mit dem System XL 4000 bedient. Während CREO seine Konstruktion quer durch alle Baureihen konsequent durchzieht, gehen Optronics und damit Misomex geringfügig andere Wege. Das System XL 4000 entspricht in etwa dem 6er Format. Die maximale Plattengröße kann 1.040 x 1.920 mm sein. Die Adressierbarkeit läßt sich zwischen 2.000 und 4.000 dpi einstellen. Als RIP ist ein Adobe oder Harlequin RIP vorgesehen. Zur Belichtung läßt sich jede hochempfindliche Laserplatte von der Agfa/Kalle N 90 über die Angebote von Howson und Horsell bis zur CTX-Platte von POLYCHROME einsetzen. Das System wird in Deutschland auch von Misomex angeboten. Misomex hat aus der Belichtungsmaschine XL 4000 ein vollständiges „Computer to Plate"-System mit allen wichtigen Frontendkomponenten entwickelt. Man bietet dieses nur komplett an. Die mechanischen Komponenten des Systems bestehen aus dem eigentlichen Belichter sowie einem automatisierten Plattenzu- und -abführungsmechanismus, der integriert in einer speziellen Behausung sowohl die Belichtungseinheit, als auch die entsprechenden Greif- und Bewegungsautomaten enthält.

Interessant bei diesem System ist, daß bis zu 4 Kassetten unterschiedlicher Plattenmaße gleichzeitig geladen werden können und per Programm die entsprechende Entnahme, Belichtung und Abführung gesteuert werden kann. Für Unternehmen mit vielseitigen Plattenformaten sicher eine interessante Lösung. Die elektronischen Komponenten bestehen aus der entsprechenden Standardhardware sowie einem RIP von Adobe oder Harlequin und einem von Misomex geschriebenen Ausschießprogramm. Die Frage der Wahl des richtigen Ausschießprogramms sollte in Verbindung mit der Plattenbelichtung nicht unterschätzt werden. Misomex hat sicher aufgrund seiner Erfahrung im Kopiermaschinenbereich einiges an Know-how in die Erstellung dieser Programme einbringen können. Nicht ganz in diese Formatgröße, sondern nur bis 850 x 1340 mm fällt das

Prinzipien der Direktbelichtung

Angebot des PROSETTERS aus dem Hause Basys in Lüneburg. Basys hat eine Flachbettmaschine entwickelt, die nur von Hand bestückt wird. Vorbild dabei war der Standardkopierrahmen wie er zu vielen Tausenden in den Druckereien zu finden ist. Ebenso wie beim Kopierrahmen können beim PROSETTER konventionelle Platten eingesetzt werden, da auch für die Plattenbelichtung genügend UV-Licht zur Verfügung gestellt wird. Digitalisiert, d.h. punktweise aufbereitet, wird das Licht eines UV-Brenners durch eine spezielle Lichtventilmatrix aus lichtdurchlässigen Zellen. Insgesamt werden 340.000 Lichtpunkte gleichzeitig erzeugt und ggf. gleichzeitig auf die Platte gebracht. Dieses Prinzip erinnert in erster Näherung an das Verfahren bei einer Kopiermaschine mit kleiner Vorlagengröße. Nach Belichten der 340.000 Bildpunkte wird mit der Lichtventilmatrix in X und/oder Y ganz konventionell verfahren und die nächste Matrix gesetzt. Auf diese Weise wird das volle Format in ca. 15 Minuten (bei 1.270 dpi) abgefahren und belichtet. Der Vorzug liegt in der Verwendung konventioneller Platten. Es ist zu hoffen, daß Basys die Technologie mit der Lichtventilmatrix meistern wird, um insbesondere kleineren Druckern eine finanziell interessante Alternative zu ermöglichen.

Bild 29:
Misomex-Belichter
(Innenansicht)

3.6.3 Formate bis 813 x 1.067 mm

Das 3-B Format wird z.B. von dem Innentrommelbelichter Crescent 42 der Fa. Gerber abgedeckt. Vertrieben wird diese Maschine von POLYCHROME und anderen. Die Plattenzu- und abführung dieses Systems ist automatisch oder von Hand vorgesehen. Aus einer Kassette können bis zu 40 Platten mit 0,3 mm Stärke gleichen Formates entnommen werden. Die Plattenstärke darf bis zu 0,4 mm Dicke sein. Interessant an dieser Maschine ist die Möglichkeit, sowohl Film als auch Platten zu belichten. Die automatische Plattenzu- und -ab-führung ist optional. Eine manuelle Film- oder Plattenzu- und -abführung ist jederzeit möglich. An die Belichtungsmaschine wird online die Plattenentwicklungsmaschine angeschlossen. Im Falle von POLYCHROME handelt es sich um die hochempfindliche CTX-Platte mit entsprechender Spezialentwicklungsmaschine. Bedingt durch die schnelle Rotation des Drehspiegels und in Abhängigkeit von der eingestellten Adressierbarkeit belichtet dieses System das volle Format in 3 Minuten bis maximal 13,3 Minuten. Mittels eines auch nachträglich einbaubaren High-Speed-Satzes läßt sich die Maschine um ca. 50 % in der Belichtung beschleunigen. Die Maschine ist vierfarbtüchtig, da besondere Vorrichtungen eingebaut wurden, um die Passergenauigkeit zu sichern. Die maximale Abweichung von Bild zu Bild beträgt nicht mehr als 5 µm. Als RIP werden entweder ein auf einer SUN UltraSparc laufender Adobe Monotype RIP oder ein auf einem DEC Alpha laufender Harlequin- oder Rampage RIP eingesetzt.

In ähnlicher Bauweise – als Innentrommelbelichter – sind die Maschinen von Linotype-Hell „Gutenberg", SCREEN „Platerite" und Crosfield/Dupont CELIX ausgeführt.

Einen anderen Weg geht Barco Graphics mit seinem Lithosetter III, der ähnlich wie der zuvor beschrieben Lithosetter V als Flachbettbelichter aufgebaut ist.

Dieses Marktsegment ist natürlich für alle Anbieter attraktiv. Man muß sich daher schon alle Details sehr genau ansehen, um für seine eigenen Ansprüche das Optimale zu finden.

3.6.4 Formate bis 560 x 711 mm

Maschinen dieser Größenklasse sind inzwischen zahlreich vertreten. Stellvertretend sollen hier nur die Lösungen von Gerber und Scitex erwähnt werden. Scitex bedient u.a. das Format von 642 x 470 mm. Bei dieser Plattengröße läßt sich bequem ein A2-Format belichten. Die Auflösung liegt zwischen 1.016 und 2.540 dpi und ist damit ausreichend für mittlere bis hohe Qualitätsanforderungen. Der Aufbau ist als Flachbettbelichter ausgeführt und basiert auf der schon einige Jahre alten Filmbelichtungsmaschine RAYSTAR der gleichen Firma. Bedingt durch die relative Unempfindlichkeit der bisher verwendeten N 90 Platte aus dem Hause Agfa/Kalle, wurde der Laser auf eine höhere Leistung gebracht. Eine automatische Plattenzu- und -abführung ist in diesem Falle nicht vorgesehen.

Eine weitere Flachbettmaschine mit belichtbaren Formaten bis 560 x 711 mm ist die Gerber 2800. Sie ist insbesondere für den Zeitungsbereich und die Formularherstellung konzipiert und wird dort Verwendung finden. Ihr Auflösung/Adressierbarkeit kann zwischen 723 und 2.540 dpi eingestellt werden. Vorteilhaft, insbesondere für die Zeitungsanwendungen, sind einerseits die kurze Schreibzeit (bei 1.080 dpi ca. 1,3 Minuten/Format) sowie die Möglichkeit, optional eine automatische Plattenzu- und -abführung einzusetzen, mit angeschlossener Online-Plattenentwicklungsstraße. Die Maschine ist gemäß ihrer Registergenauigkeit und Auflösung für Aufträge in unteren bis mittleren Qualitäten geeignet, in Schwarzweiß oder Farbe.

Eine ganz moderne Entwicklung ist der Innentrommelbelichter Gerber Crescent 3030. Das Prinzip ist gleich wie bei der größeren Crescent 42, aber alles ist kleiner und einfacher gehalten. Die Belichtung erfolgt über einen roten Laserstrahl, der aus einer Laserdiode gewonnen wird. Die Platten können bis zu 760 mm x 760 mm groß sein, sie werden von Hand eingelegt und entnommen. Für später hat Gerber auch einen Beschickungsroboter angekündigt. Die Maschine ist sehr schnell und voll vierfarbtauglich. Als Platten werden zur Zeit CTX-Platten empfohlen. In den USA wird die Maschine (ohne RIP und Plattenprozessor) für unter 100.000 $ angeboten und fällt damit preislich in die Kategorie von anspruchsvollen Filmbelichtern.

3.6 Formate

3.6.5 Kleinformate bis zum GTO-Format oder etwas darüber

Eine etwas untergeordnete Rolle spielen bis jetzt noch die Belichter für kleinere Formate bis 400 x 510 mm. Es gibt sie als Außentrommelbelichter, ausgeführt von der Fa. Optotech Hannover, und als Innentrommelbelichter, ausgeführt (abgeleitet aus einem Filmbelichter) von der Fa. Scitex. Beide Maschinen zeichnen sich jedoch durch einen geringen Preis aus, der vermutlich für Betriebe, die überwiegend im GTO-Format drucken, attraktiv sein könnte.

3.6.6 Zeitungsmaschinen

Die Zeitungen haben im Gegensatz zu Werkdruck, Akzidenz- oder Formularherstellung ganz besondere Anforderungen. Dort zählt nur die Produktionsgeschwindigkeit, bei gleichzeitig geringeren Anforderungen an Plattengröße oder Auflösung. Typische Zeitungen arbeiten im Berliner oder Rheinischen Format d.h. mit Blattgrößen von 315 x 470 mm oder 360 x 530 mm. Auch das Nordische und das Amerikanische Format sind nur wenig anders. (400 x 570 mm bzw. 317,5 x 578 mm). Sollen auch Panoramaseiten erzeugt werden, verdoppelt sich die Schmalseite, die Längsseite bleibt. Die Anforderung an den Belichter heißt dann wahlweise Standard- oder Panoramaformat. Die Belichtung muß dann sehr schnell gehen, sowohl was die RIP-Zeiten anbelangt als auch was die Belichtungszeit angeht.

Diesem Anspruch entsprechen inzwischen einige Hersteller mit sehr spezialisierten Angeboten. Von Agfa/Kalle wird der LS 100 Belichter von Strobbe/Gent vertrieben. Vom Prinzip her ein klassischer Innentrommelbelichter mit schneller Plattenzu- und -abführung. Aus einem Vorratsbe-

Prinzipien der Direktbelichtung

hälter, der bis zu 300 Platten enthält, greift eine Automatik die Platte und legt nacheinander 2 Stück hintereinander in den Belichter ein. Die Software steuert die Belichtung so, daß praktisch 2 Platten in einem Durchgang belichtet werden. Auf diese Weise und mit entsprechend beschleunigtem Polygon-Laserscanner erzeugt das System ca. 100 Platten pro Stunde. Die Platten werden in Stanzlöcher aufgenommen und sicher unter dem Laserkopf geführt. Die einstellbaren Auflösungen liegen bei 800, 1200 und 2400 dpi.

Einen anderen Weg gehen POLYCHROME/Versitec. Versitec, ein Schweizer Unternehmen, hat im Auftrag von POLYCHROME einen Belichter speziell für Zeitungen entwickelt. Das System arbeitet als Flachbettbelichter. Bild 30 gibt das Prinzip genauer wieder. Die Belichtung selbst erfolgt über einen Multistrahl bestehend aus 256 Einzelstrahlen, die wie bei einem Nadeldrucker 256 einzelne Scanlinien quer zum Plattentransport belichten. Bei jedem Durchgang werden so 256 Linien geschrieben, danach wird die Platte um präzise diesen Abstand voranbewegt. Die Lichtquelle ist eine einfache Laserdiode hoher Lebensdauer mit rotem Licht.

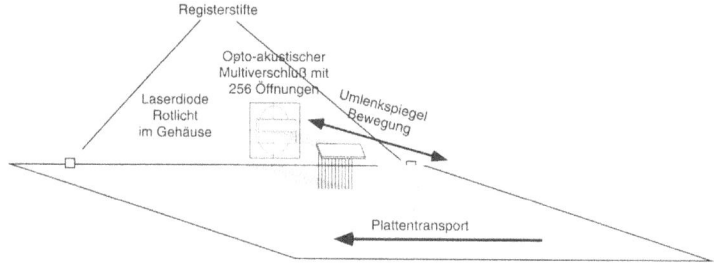

Bild 30:
Belichtungsprinzip
Versitec

Die Platten können vorgestanzt sein oder nachträglich gestanzt werden. Sie werden aus einem Doppelmagazin mit je 100 Platten online entnommen und in Aufnahmestifte oder Anlagestifte paßgenau aufgenommen. Die Plattengröße selbst wird fest eingestellt. Doppelformatsysteme für Standard- und Panoramagrößen können ohne großen Aufwand bereitgestellt werden. Aus Kapazitäts- und Backup-Gründen werden häufig 2 Belichter-„Köpfe" auf eine Online-Entwicklungsmaschine geschaltet. Auch dieser

Belichter erreicht einen Durchsatz von ca. 100 Platten pro Stunde.

Der Dritte im Bunde ist das Haus Krause-Biagosch aus Bielefeld. Der dort entwickelte Innentrommelbelichter wurde für Zeitungsanwendungen geringfügig modifiziert. Auch hier werden 2 Platten gleichzeitig eingelegt und in einem Durchgang vom Gerät belichtet. Auf diese Weise wird ein Durchsatz von ca. 70 Platten pro Stunde erzielt.

3.7 Zusammenfassung

3.7.1 Alle Belichter

Wie wir aus der Beschreibung sehen, schränken die Fragen nach dem maximalen Format und nach der maximalen Adressierbarkeit/Auflösung die Auswahl ein. Für Formate > 3B kommen nur wenige Anbieter in Frage. Es handelt sich hier um eine relativ kleine Anwendergruppe mit z.T. sehr hohen spezialisierten Anforderungen. Es empfiehlt sich in jedem Falle, Eignungstests vor einem Erwerb durchzuführen. Nicht nur in bezug auf die Belichtung, sondern auch in bezug auf das Zeitverhalten des Systems.

Es verwundert nicht, daß die großen Formate im Preis deutlich über den anderen liegen. Eine Ausnahme davon sind Trommelkonstruktionen, bei denen das Plattenformat auf oder in eine Trommel gewickelt wird. Die entsprechende Belichtungseinheit selbst kann dann wesentlich einfacher entwickelt und gebaut werden. Sie ist im rauhen Betrieb auch sicherer zu beherrschen.

Aufgrund der Herstellungsweise aller Belichterbetten, insbesondere aber der Trommelbetten, sind Abweichungen von der idealen Form nicht zu vermeiden. Zur Kompensation der Abweichungen, die sich als Kissenverzeichnungen auswirken können, werden von einigen Herstellern die Abwicklungen der Trommel genauestens vermessen. Dies geschieht durch das Darüberlegen eines Gitters aus Planquadraten, die idealerweise rechtwinklig zueinander und im gleichen Abstand abgebildet sein müssen.

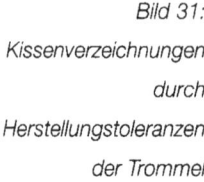

Bild 31 zeigt eine Skizze eines derartigen Planquadrates und die darin auftretenden geometrischen Abweichungen.

Bild 31: Kissenverzeichnungen durch Herstellungstoleranzen der Trommel

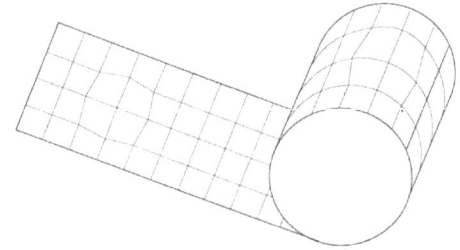

Durch die hohe Auflösung der meisten Maschinen kann das sich ergebende Muster sehr verschieden sein. Es ist sozusagen der individuelle Fingerabdruck jeder Maschine. Dieser wird dem Rechner, der den Laserstrahl steuert und ihn an- und abschaltet, als Kompensationsmuster zugeführt. Dadurch ist es möglich, innerhalb gewisser Grenzen, die geometrischen Abweichungen von der Idealtrommel zu kompensieren, und eine höhere Genauigkeit zu erhalten als von der realen mechanischen Rundheit her zu erreichen wäre. Wichtig ist jedoch, daß die damit erzeugte hohe Formgenauigkeit nicht aufgehoben wird durch eine wacklige oder unstetige Führung des Drehspiegels. Deswegen ist bei einigen Belichtern die mechanische Antriebseinheit der Drehspiegel und ihre Führung über die y-Achse der Platte voneinander getrennt. Die Führungsschiene, auf der dann der Drehspiegel läuft, kann mit extremer Genauigkeit hergestellt werden. Anders sieht es bei Spindelführungen aus. Konstruktionen, bei der die Spindel gleichzeitig Antrieb und Führungselement ist, verlangen Kompromisse in bezug auf die erreichbare Qualität.

3.7.2 Besonderheiten der Flachbettbelichtung

3.7 Zusammenfassung

Bei den meisten Flachbettkonstruktionen (Ausnahme Versitec SA) wird ein von einem Gas- oder Diodenlaser erzeugter Laserstrahl über eine entsprechende Kompensationsoptik und einen Polygonspiegel auf die Plattenoberfläche reflektiert. Durch Messung der Position des Polygonspiegels (Drehwinkelgeber) oder einen besonderen Pilotstrahl wird die jeweilige Position des Laserstrahles auf wenige µm genau festgestellt. Durch die Konstruktion des Polygonspiegels sind jedoch einige, physikalisch bedingte Abweichungen gegeben, die gar nicht oder nur mühsam kompensiert werden können.

Wie sie entstehen, zeigt Bild 32. Es ist leicht einzusehen, daß jede Spiegelfläche des Polygons eine leichte Verwindung zur idealen Ebenenstellung haben wird. Wie genau auch immer die Fläche geschliffen wird, es bleiben immer Abweichungen gegenüber der Idealfläche übrig. Ferner ist nur an einem Punkt der Drehbewegung der jeweilig wirksame Spiegel in der idealen Mittelpunktposition. Bei Drehwinkeln oberhalb oder unterhalb dieser Mittelpunktposition ist der Spiegel nicht mittensymmetrisch aufgehängt. Bild 32 zeigt diese Problematik vergrößert.

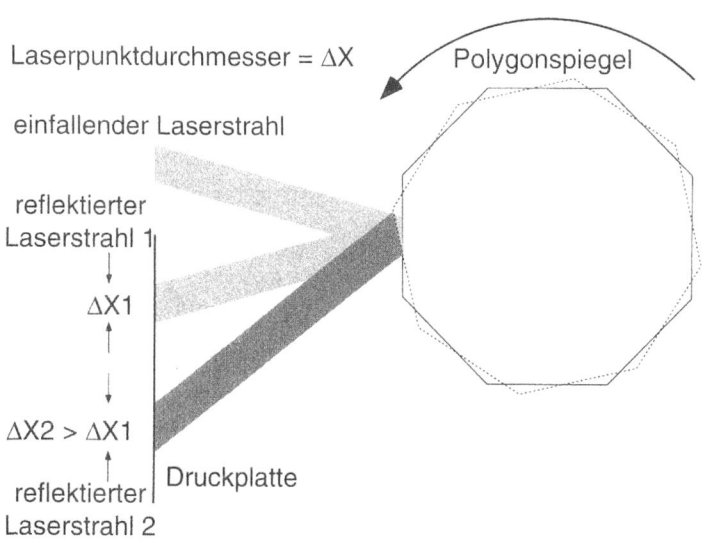

Bild 32:
Verzeichnungen durch Versatz der Drehachse

Das hat zur Folge, daß der reflektierte Laserstrahl einerseits durch die Verwindung der Polygonfläche, andererseits auch durch eine weitere Abweichung, nämlich durch die Auslagerung aus der idealen Mittelposition, eine in etwa schlangenförmige Kurve auf der Platte beschreibt. Jede Spur, die der Laserpunkt hinterläßt, ist gegenüber der Nachbarspur leicht verschieden. Das spielt so lange keine Rolle, wie einfarbige Vorlagen verarbeitet werden, und die Abweichungen (wie sie auch üblicherweise auftreten) im Bereich weniger 5-10 µm liegen. Sobald jedoch Vierfarbsätze gefahren werden, kann es kritisch werden. Die Laserpunkte sind an der jeweils gleichen Stelle unterschiedlich dicht von Farbsatz zu Farbsatz, zueinander angeordnet. Die Folge können Moiré- und Dichteprobleme sein, allerdings erst bei höheren Qualitätsanforderungen.

3.8 Allgemeine Probleme

Ein wichtiges Phänomen, das bei allen Direktbelichtern auftreten kann, ist das sogenannte Banding. Banding steht für eine Streifenbildung auf dem Endprodukt, in diesem Falle also der Druckplatte, die mehr oder weniger deutlich sichtbar sein kann. Hervorgerufen wird dieses Phänomen durch zwei völlig voneinander unabhängige physikalische Ursachen.

1. Wird die Platte durch eine besondere – stark geregelte – Antriebsart unter dem Laserstrahl vorbeigeführt, so kann dieses Problem durch das stetige Nachregeln der Antriebsrollen entstehen. Dieser starke Regeleffekt ist vermutlich gewollt, kann aber als Störeffekt zu unerwünschten Bandingproblemen führen. Sowie die Geschwindigkeit der Platte unter dem Laserstrahl Schwankungen unterliegt, sei es durch mechanischen Zug oder Druck, sei es durch Dickenschwankung oder andere Störungen, versucht die Regeleinheit, diese Schwankungen auszugleichen. Dabei wird es vorkommen, daß häufig die Kompensation zu stark ist und sie leicht überschwingt. Dieses Schwingen kann sich dann

als leichte Streifenbildung auswirken. Zu sehen sind derartige Streifen dann bei besonders gleichförmigen Verläufen oder Maschinenrastern, deren gewollte Gleichförmigkeit dann unterbrochen ist durch eine unter Umständen sichtbare Streifigkeit.

2. Eine andere Quelle für das Banding ist eine ungenaue Abstimmung zwischen der Anlieferung der Pixeldaten durch den RIP und dem stetigen Vorschub der Drehspiegel oder der Platte zur seriellen Punktbelichtung der Oberfläche. Gibt es hier Stockungen bei der Datenübernahme, so wird zwar der Drehspiegel weiter fortgeführt oder die Platte am Drehspiegel vorbeigeführt, aber es fallen temporär keine weiteren Belichtungsdaten an. Das hat zur Folge, daß ein weißer Streifen, oder bei angeschaltetem Laser ein schwarzer Streifen, belichtet wird. Die Feinabstimmung der Anlieferung der Daten mit dem Vorschub des Drehspiegels oder der Platte ist eine sehr empfindliche Arbeit und muß durch die Konstruktion des Belichters und die Abstimmung mit dem jeweiligen RIP von vornherein berücksichtigt werden. Andernfalls ist die Farb- und Rastertauglichkeit dieser Maschinen, insbesondere bei Verläufen, begrenzt.

Wir werden versuchen, am Schluß dieses Kapitels eine Checkliste aufzustellen, die den Leser in die Lage versetzen soll, seine Anforderungen mit den Möglichkeiten der jeweiligen Konstruktion zu vergleichen und sicherzustellen, daß die Vorauswahl bereits zu akzeptablen Ergebnissen führt.

3.9 Die verwendeten Platten für „Computer to Plate"-Anwendungen

An dieser Stelle muß vorausgeschickt werden, daß nicht nur Aluminium-basierte Platten zur Direktbelichtung eingesetzt werden können. Um der Wahrheit die Ehre zu geben, sind Polyester-basierte Platten schon seit geraumer Zeit verfügbar und werden auch in vielen Filmbelichtern statt des Fotofilmes verwendet. Sie haben sich damit auch einen

Prinzipien der Direktbelichtung

respektablen Marktanteil geschaffen. Wenn wir hier nur über Plattensysteme sprechen wollen, die auf elektrochemisch aufgerauhtem Aluminium als Substrat basieren, dann deswegen, weil die gesamte Branche darauf gewartet hat und sie erst seit kurzem zur Verfügung stehen.

Heute haben sich im wesentlichen 2 verschiedene Wege zur Lösung der Schichtenproblematik bei den direktbelichtbaren Platten durchgesetzt. Ein drittes Verfahren, „die Thermoplatte", ist in aller Munde, jedoch noch nicht sehr häufig im Einsatz.

1. Die Verwendung von hochgezüchteten Negativschichten auf Polymerbasis wie z.B. die N 90 von Agfa/Kalle

2. Die Verwendung von silberhaltigen Fotoschichten zur Belichtung und

2.1 zum Drucken, wie z.B. Dupont-Howson oder Agfa Silverlith und Lithostar

2.2 zum Durchkontakten auf die eigentlich druckende (konventionelle) Schicht, wie z.B. POLYCHROME CTX

3. Die Verwendung von thermisch empfindlichen Schichten zur Verringerung der eingesetzten Chemie, wie z.B. Kodak IR Thermal 2919 oder der POLYCHROME Quantum®

Das folgende Bild zeigt die Bandbreite des energetischen Bedarfs der verschiedenen Verfahren.

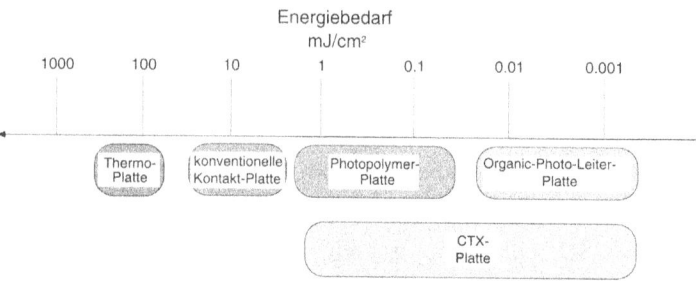

Bild 33: Empfindlichkeitsbandbreite verschiedener Schichten

3.9 Verwendete Platten

Es muß an dieser Stelle hinzugefügt werden, daß auch die direkt druckenden Silberschichten die gleiche Empfindlichkeit zeigen wie die CTX-Schichten von POLYCHROME. Die Nachbehandlung, d.h. Entwicklung, evtl. die Kopie und Korrektur sowie das Verhalten in der Druckmaschine sind aber anders.

Wichtig ist außerdem noch die spektrale Empfindlichkeit. Wir haben inzwischen gelernt, daß die Laser nicht im gesamten Spektrum strahlen können, sondern nur in einigen ausgewählten sehr engen Zonen. Welche eingesetzt werden, wird im wesentlichen durch die Kosten der Laser und die praktische Anwendung im täglichen Alltagsbetrieb bestimmt.

Das folgende Bild zeigt einen groben Überblick über die spektrale Empfindlichkeit der verschiedenen Schichten. Wieder überspannt die silberhaltige Schicht, wie sie CTX oder Silverlith und Lithostar einsetzen, den größten Bereich. Das ist auch kein Wunder, ist doch die Silbertechnologie seit langem bekannt und wird in sehr vielen Fällen eingesetzt. Ganz außen, im Infrarotbereich, befindet sich die Thermoplatte, deren Verhalten sich aufgrund des Schwellwerteffektes (Phasenwechsel) von anderen analog reagierenden Platten deutlich unterscheidet. Die Bandbreite ist deutlich enger als bei konventionellen Platten.

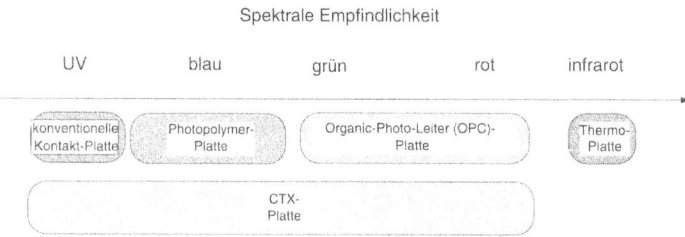

Bild 34:
Spektrale Empfindlichkeitsbandbreite verschiedener Schichten

Je nach verwendeter Schicht muß der Laser sowohl von der Wellenlänge als auch von der Leistung her an die zu belichtende Schicht angepaßt werden. Die meisten Maschinen-Anbieter lassen eine Veränderung der Laserleistung im Betrieb zu. Eine Veränderung der Wellenlänge des abgegebenen Lichtes ist jedoch nicht möglich. Hier wirken die

Prinzipien der Direktbelichtung

Konstruktionsprinzipien der Laser stark auf die Konstruktion der Gesamtmaschine ein. Ein Diodenlaser, der im Infrarotbereich strahlt, kann schwerlich durch einen Argon-Ionen-Laser, der im Blaubereich strahlt, ausgewechselt werden. Die Bauform und u.a. die Kohärenz des Strahles machen das unmöglich.

Damit ist bei der Beschaffung eines Systems auch die mögliche Plattenwahl festgelegt, zumindest eingeengt.

Obwohl noch wenige CTP-Installationen realisiert wurden, lassen sich doch schon jetzt, in einer relativ groben Übersicht, die Eigenschaften der verschiedenen Plattensysteme herausarbeiten:

Hochsensible Polymerschichten
Die Übertragungsqualität ist hoch, und die Empfindlichkeit ist vergleichsweise gering. Deshalb werden Laser im oberen Leistungsbereich erforderlich.

Einsatzgebiete sind bisher überwiegend im Zeitungsbereich und im Mengenbereich sowie Werksatz gegeben. Für hochwertige Farbarbeiten sind sie weniger geeignet. Auf Grund der geringen Standzeit des latenten Bildes ist eine lange Verweildauer im Belichter, wie sie bei hohen Auflösungen noch auftreten kann, nicht ohne Schwierigkeiten zu meistern. Die Anzahl der zu druckenden Kopien pro Platte dürfte für viele Anforderungen ausreichen. Sie sind vergleichbar mit anderen Negativschichten.

Silberhalogenid (Direkte Belichtung)
Typische Vertreter dieses Typs sind von Agfa® die Lithostar®-Platte und von Dupont-Howson® die Silverlith®. Andere sind ebenfalls erhältlich.

Die Empfindlichkeit ist hoch bis sehr hoch. Der spektrale Bereich läßt sich vom Hersteller leicht variieren. Die Übertragungsqualität dieser Systeme ist gut. Die Auflagenstabilität dürfte unter der von Systemen mit Negativschicht liegen. Eine Verarbeitung unter Sicherheitslicht ist nicht möglich. Der sich nach der Belichtung anschließende Entwicklungsprozeß unterscheidet sich vom bekannten Prozeß beim Filmentwickeln im wesentlichen nur durch die zusätzliche Aufgabe, die Zwischenschicht aus Gelatine zu entfernen.

Einsatzgebiete sind bisher überwiegend im Zeitungsbereich und im Mengenbereich sowie Werksatz. Zunehmend wird diese Platte auch im Bereich Klein-Offset verwendet. Sie ist auch für hochwertige Farbarbeiten geeignet. Die Anzahl der zu druckenden Kopien pro Platte dürfte für viele Anforderungen ausreichen.

Silberhalogenid (Indirekte Belichtung)
Es gibt bisher nur einen Vertreter dieses Typs, nämlich die CTX®-Technologie von POLYCHROME®. Fuji hat ein ähnliches Verfahren angekündigt.

Die Empfindlichkeit dieser Platten ist sehr hoch. Der spektrale Bereich läßt sich vom Hersteller leicht variieren. Die Übertragungsqualität dieses Systems ist sehr gut. Die Auflagenstabilität wird für alle Fälle ausreichen. Wenn Platten mit positiver Grundschicht verarbeitet werden, ist die typische Auflagenhöhe wie bei anderen hochwertigen Positivsystemen und kann durch Einbrennen auf > 1.000.000 gesteigert werden.

Aufgrund der verwendeten Schichttechnologie ist eine Verarbeitung unter Sicherheitslicht (Gelblicht) nicht möglich. Der sich nach der Belichtung anschließende Entwicklungsprozeß unterscheidet sich vom Prozeß beim Filmentwickeln im wesentlichen durch die Aufgabe, das silberhaltige Bild auf die darunterliegende Polymerschicht durchzukopieren und sie anschließend mittels Wasser und rotierender Bürsten wieder zu entfernen. Daran schließt sich dann noch die Fertigentwicklung der Polymerschicht an. Dies geschieht in gleicher Weise wie bei normalen Positiv- oder Negativsystemen.

Anzumerken ist außerdem, daß eventuelle Dichteschwankungen des Laserstrahles oder kleinste, unbeabsichtigte aber störende Reflexionen des Laserpunktes durch die anschließende Flutbelichtung ohne weiteren Zwischenträger einfach „weggebügelt" werden. Der Qualität kommt das zugute.

Einsatzgebiete sind bisher überwiegend im gehobenen Akzidenz- und im Formularbereich. Anwendungen finden wir auch im Mengenbereich und Werksatz. Anwendungen im Zeitungsbereich stehen zur Verwirklichung an. Das Verfahren ist für hochwertige Farbarbeiten geeignet. Die Anzahl der zu druckenden Kopien pro Platte dürfte für alle Anforderungen ausreichen. Aufgrund der Doppelschichtkonstruktion ist die Platte etwas teurer in der Herstellung und die Weiterverarbeitung ewas aufwendiger.

Thermoplatten
Thermoplatten sind seit der DRUPA 95 eine heißes Diskussionsthema bei allen, die sich mit dem Einsatz von CTP in ihren Betrieben beschäftigen. Wie immer bei Neuheiten dieser Art werden die erwarteteten guten Eigenschaften in ein übertrieben günstiges Licht gestellt, während die mit Sicherheit auch vorhandenen negativen Eigenschaften gar nicht erst erwähnt werden. Es kann hier festgestellt werden, daß alle führenden Plattenhersteller fieberhaft an solchen Entwicklungen arbeiten und zum Erscheinen dieser zweiten Auflage sicher schon praxisnahe Lösungen vorweisen.

Die erwarteten Eigenschaften thermisch reagierender Schichten sind ja auch interessant genug. Man vermutet eine fast unendlich feine Auflösung, ein stabiles Lager- und Druckverhalten, eine chemiefreie Entwicklung und was der schönen Dinge mehr sind. Offiziell erhältlich sind bisher 2 Typen: Die IR Thermal 2919 von Kodak und die Quantum® von POLYCHROME. Noch im Versuchsstadium befindet sich die LAT (Laser Ablation Technology)-Platte von Polaroid.

Die Kodak IR Thermal 2919 und POLYCHROME Quantum®
Es handelt sich hierbei um eine spezielle Polymerschicht, die auf einer normalen elektrochemisch aufgerauhten und vorbehandelte Aluminiumbasis aufgetragen ist. Die Schicht hat 2 Empfindlichkeitsbereiche, einmal im UV-Bereich bei 380 bis 400 nm Wellenlänge und dazu im Infrarotbereich bei 830

3.9 Verwendete Platten

nm bzw. 1064 nm. Allein der infrarote Empfindlichkeitsbereich ist hier von Interesse, obwohl die Platte ebenfalls im UV-Bereich verarbeitet werden kann, wie eine ganz normale Negativ-Kopierdruckplatte. Die infrarotempfindliche Platte ist dazu noch bei Gelblicht evtl. auch bei Tageslicht direkt zu verarbeiten – ein nicht zu unterschätzender Vorteil.

Die Thermoschicht wird durch einen sehr leistungsstarken Laser angesteuert, dessen Energie etwa um den Faktor 10.000 über dem von „normalen" Laserplatten liegen muß (Kodak schreibt eine Energiedichte von mindestens 150 mJ/cm^2 bis 10 m/s vor). Mehrere Hersteller, wie CREO und Gerber und Linotype-Hell, bieten an, für ihre Systeme wahlweise Thermolaser einzusetzen oder diese nachzurüsten.

Trifft der Laserstrahl mit genügend Energie die Oberfläche (oberhalb eines gewissen Schwellwertes), dann und nur dann reagiert diese und erzeugt einen sichtbaren Punkt bzw. Bild. Dieser Punkt ist eine genaues Abbild des Laserpunktes und nicht mehr energieabhängig. Das bedeutet, daß unterhalb eines Schwellwertes keine Bilderzeugung erfolgt, während oberhalb des Schwellwertes sich nichts mehr ändert. Die Bilderzeugung ist damit binär (d.h. vorhanden oder nicht vorhanden, dazwischen gibt es nichts). Ab einem gewissen Schwellenwert, kippt die Oberflächenfärbung und Druckeigenschaft um, darunter bleibt sie unverändert. Das hat zur Konsequenz, daß die geschriebenen Punkte sehr scharf abgebildet werden, bis hinunter zu einem Durchmesser von ca. 4,8 µm.

Das belichtete Bild ist sehr stabil und nicht, wie bei den Negativplatten, flüchtig. Die Platte wird dann in einem anschließenden Aufheizprozeß auf ca. 130° C erwärmt und nach der Kühlung normal positiv entwickelt. Die Nacherwärmung härtet die belichteten Zonen und weicht die nichtbelichteten Zonen auf. Dadurch können diese im Entwickler abgetragen werden. Für hohe Auflagen kann die Platte normal eingebrannt werden, bei normalen Auflagen von 150.000 und darüber ist das noch nicht nötig.

Für den Einsatz als normale Kopierplatte ergeben sich die gleichen Daten wie bei anderen kopierten Negativplatten. Das heißt, der übertragene Punkt erfährt beim UV-

Prinzipien der Direktbelichtung

Kontakt einen Punktzuwachs, die Platte wird negativ bearbeitet.

Die Polaroid-LAT-Platte
Polaroid, bisher nicht als Lieferant für Druckplatten bekannt geworden, hat zuerst auf der Graphexpo 1995 in Chicago seine LAT-Platten vorgestellt. Die Belichtungseinheit wurde von Optronics bereitgestellt.

Das Prinzip:
Am besten läßt sich das Polaroid-Verfahren mit einem Durchschreibevorgang vergleichen. Eine spezielle Polyesterfolie, werksseitig mit einer dunklen Harzschicht versehen, wird mit Hilfe von Vakuum eng auf eine darunter liegende, elektrochemisch aufgerauhte, aber sonst unbeschichtete Aluminiumplatte aufgebracht. Ein sehr spezieller Laser „hämmert" einen Energiestoß von 2 bis 5 Gigawatt und für die Dauer von 100 bis 150 Nanosekunden auf die Folie – zum Vergleich: Ein üblicher Laser für CTP erzeugt ca. 75 mW bis 1 W an Dauerstrich-Energie – Von dort „blättert" das Harz, besser gesagt, schießt das Harz auf die darunter liegende Aluminiumplatte und verklebt dort. Eine chemische Entwicklung ist nicht erforderlich, jedoch muß durch einen Wärmeprozeß die aufgebrachte Harzschicht fest mit dem Aluminium verbunden werden. Eine weitere UV-Zone im Prozessor härtet d.h. polymerisiert, die aufgebrachte Kunstharzschicht.

Die Folie selber wird von Hand abgezogen und wie Papier entsorgt. Vakuumerzeugung und Laserbelichtung erfolgen im Belichter. Da es sich nicht um eine Tonerbebilderung handelt, entstehen auch keine Staubablagerungen oder Pulverreste. Die Platte wird sauber und (beim Anwender) chemiefrei erzeugt.

Die Auflösung wird mit bis zu 5 µm angegeben. Die Auflagenstabilität mit ca. 100.000 Exemplaren.

3.10 Die beste Adressierbarkeit, die beste Auflösung

Für den Anwender ist es wichtig, die für seine Aufgabe optimale Auflösung und Adressierbarkeit am RIP und am Belichter einzustellen. Je niedriger die Auflösung gewählt werden kann, desto schneller ist der gesamte Prozeß, aber desto geringer ist auch die erreichbare Qualität. Einige der Anforderungen lassen sich berechnen und vergleichen. Andere können nur durch direkte Anschauung bewertet werden. Zu denen, die sich rechnen lassen, gehört die Wahl der Auflösung/Adressierbarkeit im Verhältnis zur gewünschten Rasterweite. Durch die 8-Bit-Codierung jeder Farbe ist die Anzahl der möglichen Graustufen auf $2^8 = 256$ Schritte begrenzt.

Das ist sehr viel, ermöglicht es doch Grauwertdifferenzen mit 0,4 % Schrittweite. Größere Schritte sollten angestrebt werden, wie z.B. 1 % Schritte = 100 Graustufen. Wenn aber die Auflösung/Adressierbarkeit zu gering wird, dann kann unter Umständen weder die hohe gewünschte Graustufenmenge gefahren werden, noch ist das System in der Lage, wesentlich geringere Unterschiede darzustellen.

Die folgenden Tabellen zeigen die erreichbare Anzahl unterscheidbarer systembedingter Grauwertstufen als Funktion der Auflösung/Adressierbarkeit und der gewünschten Rasterweite. Zur Vereinfachung einmal in

- dots per inch (dpi) und lines per inch (lpi)
  und den europäischen Gegenstücken dazu, also

- Punkte/Zentimeter und Linien/Zentimeter
  für die Rasterweite. Für die Mathematiker unter den Lesern sei auch die zugrunde liegende Formel angegeben: Anzahl Graustufen = $(\text{Auflösung}/\text{Rasterweite})^2 + 1$

Prinzipien der Direktbelichtung

Tabellen der erreichbaren Graustufenwerte in Abhängigkeit der Rasterweite und der Auflösung/Adressierbarkeit

Alle Werte in diesen Tabellen, die kleiner sind als 100, bedeuten unter Umständen einen deutlichen Abfall der produzierbaren Qualität. (100 bedeutet, daß eine Anzahl von Grauwerten von 1 % bis 100 % dargestellt werden können.) Alle Werte, die größer sind als 256, bedeuten eine Vergeudung von Zeit und Rechenleistung, da ihre möglicherweise brillianten Unterschiede sowieso nicht dargestellt werden können.

Tabellen 2 und 3: Erreichbare Graustufenwerte in Abhägigkeit der Rasterweite und der Auflösung

Auflösung	Rasterweite L/cm								
P/cm	20	25	30	33	40	48	53	60	80
100	26	17	12	10	7	5	5	4	3
250	157	101	73	57	40	28	24	18	11
450	507	325	233	182	128	89	75	57	33
500	626	401	288	224	157	110	92	70	40
750	1.407	901	646	503	353	245	206	157	89
950	2.257	1.445	1.036	807	565	393	330	252	142
1.000	2.501	1.601	1.148	894	626	435	366	279	157
1.500	5.626	3.601	2.582	2.010	1.407	978	822	626	353

Auflösung	Rasterweite in lpi								
dpi	53	60	75	85	100	120	133	150	200
300	33	26	17	13	10	7	6	5	3
600	129	101	65	51	37	26	21	17	10
1.200	514	401	257	200	145	101	82	65	37
1.270	575	449	288	224	162	113	92	73	41
1.800	1.554	901	577	449	325	226	184	145	82
2.400	2.052	1.601	1.025	798	577	401	327	257	145
2.540	2.298	1.793	1.148	894	646	449	366	288	162
3.800	5.142	4.01	2.568	2.000	1.445	1.004	817	643	362

3.11 Checkliste zur Belichterauswahl

Die Checkliste und ihre Verwendung

Die Checkliste, Tabelle 4 auf Seite 104, versucht auf einfache Weise, die Betriebs- oder Produktionsart mit der Auswahl geeignet erscheinender Belichter zu verknüpfen. Bei der Verwendung dieser Tabelle sollten sie, nach vorheriger Einordnung Ihres Betriebes in die verschiedenen Arbeitskriterien, die Spalte aufsuchen, deren Belichtertyp die meisten Kreuze aufweist.

3.11 Checkliste

Es empfiehlt sich, zuerst die Angebote genauer anzusehen, welche die dort genannten Konstruktionsprinzipien aufweisen. Natürlich kann und wird es häufiger vorkommen, daß weitere Bedingungen, als die oben aufgeführten, für Ihren Betrieb bestehen. Sie können dann evtl. doch zu einer anderen Konstruktion führen. Hilfreich dürfte auch die Verwendung der Auflösungstabellen sein, um die Anforderung an minimale und maximale Auflösung der in Frage kommenden Belichter zu ermitteln.

Die hier aufgeführten Tabellen können und werden nicht alle Betriebsanforderungen abdecken. Dazu ist die grafische Industrie einfach zu vielseitig. Außerdem können Sondereinflüsse das schönste Schema schnell zunichte machen und eine ganz andere Lösung fordern. Aber als ersten Einstieg in den Auswahlvorgang können diese Tabellen sicher benutzt werden. Zur Erleichterung der Entscheidung ist auf der letzten Seite dieses Kapitels eine umfangreiche tabellarische Übersicht über die derzeit angebotenen Belichtermodelle zu finden. Sie ist sehr komplett, aber kann nicht in jedem Fall den Anspruch auf Vollständigkeit erheben. Wir verdanken sie der Unternehmensberatung Michael Mittelhaus, der wir hiermit für die freundlicher Überlassung ausdrücklich Dank sagen.

Zur Tabelle „Belichterübersicht" (Seite 110)
Die Spalte „Max. Format" gibt an, welche Plattengrößen maximal verarbeitet werden können. Das bedeutet nicht in allen Fällen, daß dieses Format auch randlos bebildert werden kann, bei Flachbettbelichtern ist es in der Regel möglich. Daher enthält die Spalte „Typ" die Alternativen Flach(bett-belichter), Innen(trommel) oder Außen(trommel).

Die Spalte „Speed" nennt die Dauer der Bebilderung einer Platte im maximalen Format bei der höchstmöglichen Auflösung. Der Index 1) bei der Belichtungszeit bedeutet, daß diese Angabe für die zeitungstypischen 1200 dpi gelten. In Klammern gesetzte Zahlen geben an, was an Platten pro Stunde maximal vom System durchgesetzt werden kann. Das ist eigentlich die wesentliche Angabe, da die Zeiten sich lediglich auf den Belichtungsvorgang beziehen und weder

Prinzipien der Direktbelichtung

*Tabelle 4:
Checkliste zur
Belichterauswahl*

	Flachbettbelichter	Innentrommel	Innentrommel/Wanne	Außentrommel	Außentrommelplotter
Betriebsart					
Zeitung	XXX				
Akzidenzdrucker	X	XXXX		XXX	
Werkdrucker		XXX	XXX	XXXX	
Formulardrucker	XX	XXX		XX	
Verpackungs-/Etiketten-drucker	XX	XXX			
Reproanstalt		XXXX	XX	XX	
Affiches					XX
Formatgröße					
GTO	XXX				
Zeitung	XXX				
3B		XXXX			
6-er Format		XX		XXX	
7-er Format			XXX	XXXX	
Sondergröße			XXXX	XXX	XX
Produktionsschwerpunkt					
Schwarz/Weiß-Bücher	X	XXX	XXX	XXXX	
Zeitungen Farbe	XXX	X			
Periodika Farbe		XXXX		XXX	
Formulare/Farbe/Grafik	XX	XXX		XX	
Etiketten/Verpackungen	X	XXX		X	
Metalldruck		X		X	
max. Plattendurchsatz pro Stunde					
sehr hoch	XXXX	XX			
hoch	XXX	XX		XXX	
mittel	X	XXXX	XXX	XXX	
klein	X	XXXX	XXX		X

3.11 Checkliste

Transport, Positionierung, ggf. Stanzung noch Entwicklung des Materials miteinbeziehen. Dabei kann durch diese Zeiten fast ein Drittel zur reinen Bebilderungszeit hinzukommen. Manche Hersteller sprechen bereits von den Platten-Prozessoren als dem eigentlichen Bottleneck.

In der Spalte „Laser" wird zwischen den frequenzverdoppelten YAG-Lasern, Argon-Helium-Neon(HeNe)-Lasern und der Diodentechnik unterschieden. Bei BASYS steht deswegen nichts, weil diese Firma ja konventionelle Platten digital bebildert und dazu natürlich auch konventionelles UV-Licht verwendet.

Ob die Platten automatisch in die Anlage eingeführt und zum Entwickler transportiert werden, steht in der Spalte „Automat".

Heute drängt das Marketing darauf, neue Systeme mehr als ein Jahr vor ihrer Fertigstellung zu publizieren, in der Spalte „Verfügb(arkeit)" haben wir notiert, wann das System wirklich gekauft werden kann. Beispielsweise hat Presstek seine ersten beiden Pearlsetter im April 1996 in den USA installiert.

Im Normalfall ist im Preis der Plattenbelichter und (falls vorhanden) die Transportautomatik enthalten, nicht jedoch der Prozessor. Steht nach dem Preis ein „R" bedeutet das, daß ein RIP im Preis inbegriffen ist. Ein „S" nach dem Preis heißt, daß ein komplettes Steuersystem incl. RIP im Verkaufspreis eingeschlossen ist. Einige Preise wurden aufgrund von Angaben in US-Dollar kalkuliert, dabei wurde von einem Dollarpreis von 1,40 DM ausgegangen.

Da wir für eine Übergangszeit der Filmbelichtung auch in CTP-Anlagen große Bedeutung zumessen, haben wir diese Fähigkeit in die Tabelle in der Spalte „Film" aufgenommen. Steht dort nur ein „J", so geht es zwar, jedoch nur als Bogenware unter Sicherheitslicht. Erst ein „K" wie Kassette verheißt produktives Arbeiten aus einer Eingabekassette.

Die Systeme
In der Fachpresse gab es bisher keine vollständige Übersicht der auf dem Markt befindlichen bzw. zu erwartenden

Systeme, wiewohl fast alle in der Tabelle aufgeführten Systeme auf der DRUPA bereits vorgestellt oder wenigstens angekündigt wurden. Der Gerber Crescent 3030R kam im Herbst 1996 neu hinzu. Ihn wird es in drei Varianten geben, neben der Basismaschine eine schnellere Variante 3030R-HS300 und eine Zeitungsversion 3030R-HS400. Letztere ist sogar doppelt so schnell wie das Basismodell; alle Maschinen können vor Ort auf- bzw. umgerüstet werden. Zunächst werden nur Halbautomaten geliefert, Ende des Jahres folgen die Vollautomaten und die Thermovarianten. Im Betatest wurden die Maschinen mit dem Presstek-Material betrieben, zukünftig soll das POLYCHROME-CTX-Material genutzt werden. Von anderen Herstellern gibt´s noch keine Platten für die 3030R, da sie ausschließlich rotsensitives Material verarbeitet.

Zu den weiteren Neuentwicklungen zählen noch der Crescent/42 von Gerber (+160.000 DM) und CREOs System 3244, die in je einer Thermovariante erhältlich sind. Bei CREO sind die Preise der Varianten identisch, und sie können vor Ort umgerüstet werden. Ferner gibt es „Trendsetter"-Varianten aller Modelle, bei denen die kostentreibende Plattenautomatik weggelassen wird.

Optronics arbeitet - gemeinsam mit Polaroid - ebenfalls an einem Belichter für die Thermotechnologie und will ihn im gleichen Preisbereich anbieten, wie seine Aurora und EOS. Optronics hat außerdem auf der Graph Expo im Herbst 1995 eine schnelle Variante des Halbautomaten Aurora, den „Aurora Lightning", vorgestellt.

Korrekterweise müßte bei der „Thermotechnologie" zwischen einer ganzen Reihe von Verfahren unterschieden werden. Kodak, deren Technologie sich im Feldtest befindet (bei Rand Mc Nally auf CREO 3244T), nutzt das Cross-Link-Verfahren, das zu den Thermo-Direkt-Verfahren gehört. Es erfordert einen Entwicklungs- und einen Waschschritt sowie eine Nacherwärmung. Polaroids System gehört in den Bereich der Transferverfahren und stellt auch einen rasterpunktidentischen Proof in Aussicht.

Misomex hat sein 5040-System variiert, es gibt nun die Varianten 3040SR (1130 x 900), 5040SR und 5070SR (1397 x 2451), deren Preise sich zwischen 405.000 (3040SR) und 1 Million DM (5070SR) bewegen; bei den Preisen wurde ein Dollarkurs von 1,40 DM zugrunde gelegt. Gemeinsam ist diesen Neuentwicklungen, daß sie Platten und Filme bebildern können und mit der Unterstützung des Misomex Digital Packaging PrePress System auch „Step und Repeat"-Fähigkeiten aufweisen, wodurch die Handhabung riesiger Datenmengen vermieden werden kann.

Soweit sich technische Daten seit der DRUPA verändert haben, wurde die Tabelle mit Stand vom Juni 1996 entsprechend überarbeitet. Das gilt insbesondere für die Angaben zur Verfügbarkeit, die sich bis auf sehr wenige Ausnahmen um Monate nach hinten verschoben haben.

Last minute News
Von Linotype-Hell sind ein High-Speed Gutenberg und eine Thermovariante zu erwarten, man rechnet mit der Vorstellung noch im Jahr '96, eine größerformatige Maschine wollen die Eschborner derzeit aber nicht entwickeln.

Im Gegensatz dazu gibt es zuverlässige Informationen, daß Gerber noch in diesem Jahr eine neue Maschine im A0-Bereich herausbringen wird.

Eine japanische und eine tschechische Firma (ADAST, s. nächste Seite) haben jeweils auf der Basis des Presstek-Materials, das in der Heidelberger DI eingesetzt wird, eigene DI-Offset-Maschinen angekündigt. In beiden Fällen soll das A3-Format überschritten werden, angesichts der langsamen Bebilderung und der Qualitätsprobleme des Presstek-Materials (9 Minuten/A3) eine überraschende Entwicklung. Eine zwischen den Laserdruckern (QMS, Lasermaster, Xanté) und Polyestermaterial belichtenden Anlagen (AB Dick, AM und Eskofot) angesiedelte Lösung wurde von der französischen Digital Graphics Anfang 1996 vorgestellt: „Propis" arbeitet nach dem Fototrommelprinzip, aber mit Flüssigtoner und will dadurch auf Papierfolien bis auf 2304 dpi und ein 120er Raster kommen.

In Deutschland finden Sie die folgenden OEM-Anbieter und Händler: POLYCHROME liefert Gerber und CREO Systeme. Sack liefert OEM von OptoTech, Autologic liefert Gerber,

Prinzipien der Direktbelichtung

Agfa hat die Creo-Maschinen im Angebot, Scitex als OEM von Screen (Plate Rite) den DoPlate 800. Der Strobbe Newssetter, eine Zeitungsmaschine, wird von Höchst unter der Bezeichnung Ozasol Le 100 angeboten, bei POLYCHROME erhalten Sie das Zeitungssystem von Versitec.

Konkurrenz zur Heidelberger DI
Wie oben angekündigt, tritt der tschechische Druckmaschinenhersteller ADAST weltweit als erste Firma zu den DI-Maschinen von Heidelberger in Konkurrenz.
Unter den Bezeichnungen 725CDI, 745CDI bzw. 755CDI bringen sie je eine Zwei-, eine Vier- und eine Fünffarben-Maschine auf den Markt, die wie die Heidelberger Konkurrenz die Druckplatte in der Druckmaschine bebildert. Es werden jedoch Metallplatten (ebenfalls von Presstek) im Format 48,2cm x 66 cm verarbeitet (47,47cm x 64,93cm bedruckbares Format), die Platten werden manuell in die Maschine eingebracht. Diese Thermoplatten werden mit der Laserablationstechnik bebildert bzw. entwickelt, es sind Platten für den Trockenoffset. Ihre Standzeit wird mit 50.000 Stück angegeben. Da die ADAST-Maschinen die doppelte Anzahl an Presstek-Laserdioden enthalten wie die Heidelberger, sollen sich die „Make-ready-Zeiten" zwischen 12 und 19 Minuten bewegen, was auch der DEC-ALPHA-Basis des Harlequin-RIPs zu verdanken ist. Trotz variabler Auflösung zwischen 1270 und 2540 dpi muß man auf Grund der Größe des Belichtungspunktes von einer Idealauflösung von 1270 dpi ausgehen. Die Preise sollen bei 777.000 DM für die Zweifarben, 1.253.000 DM für die Vierfarben und 1.470.000 DM für die Fünffarbenmaschine liegen; den Preisen wurde ein Dollar-Kurs von 1,40 DM zugrunde gelegt. Zum Vergleich: Die Heidelberger Quickmaster DI liegt bei 680.000 DM.

Die (indirekte) Konkurrenz für die Heidelberger-DI-Maschinen ist begrüßenswert, allerdings bekommt man zu den angegebenen Preisen auch einen Plattenbelichter zuzüglich einer normalen Druckmaschine, so daß die Frage ist, für wen sich die Anschaffung rechnet – oder wann die Preise korrigiert werden.

3.11 Checkliste

Zusammenfassung

Die Tabelle auf Seite 110 und 111 ist die wohl vollständigste Übersicht, die derzeit veröffentlicht wird. Sie enthält alle wesentlichen Fakten, die ein Praktiker zur Bewertung einer Beschaffungsentscheidung in der Projektphase benötigt. Trotzdem sollten nach einer Vorauswahl aufgrund dieser Tabelle, auf jeden Fall weitere und aktualisierte Informationen eingeholt werden. Zum einen deswegen, weil die technische Entwicklung unerhört schnell im Fluß ist. Neuere Produkte oder Produktverbesserungen in Entwicklung sind bereits angekündigt worden. Zum anderen, weil die hinter der Entwicklung oder dem Produkt stehende Firma in dieser Tabelle nicht bewertet wurde, auch nicht bewertet werden konnte. Ihr Erscheinungsbild am Markt, ihre technische und wirtschaftliche Kompetenz sind aber mindestens ebenso wichtig, wie die Eigenschaften des Produktes selber. In der heutigen Situation des wirtschaftlichen Niedergangs selbst renommiertester Firmen aus dem Prepress-Bereich ist eine konsequente und umfassende Analyse auch der wirtschaftlichen Situation und der wahrscheinlichen Überlebensfähigkeit in der Zukunft für den potentiellen Käufer unerläßlich. Schließlich wird mit der Entscheidung für ein System, eine Partnerschaft auf Dauer eingegangen, die nur zufriedenstellend laufen kann, wenn beide Partner langfristig am Spiel des Marktes teilnehmen werden und wenn beide Partner für ihre Leistungen marktgerechte, aber auch auskömmliche Preise erlösen. Besonders der Punkt der auskömmlichen Preise, ist in letzter Zeit selten gewährleistet gewesen, sollte aber bei der Entscheidungsfindung, ebenso wie technische Parameter, berücksichtigt werden.

Prinzipien der Direktbelichtung

Tabelle 6: CTP-Anbieter weltweit

Hersteller	Produkt	Max. Format	Auflösung	Speed	Typ	Laser	Automat	Film	Verfügb.	Preis
Bis DIN A2-Überformat (4x DIN A4)										
Crosfield	Magnasetter	635x457	914-1828	1:26(30)	Flach	Argon	J	N	J	230.000
Escher Grad	2230	584 x 762	500-2400	2:20	Flach	Argon	Opt.	?	J	250.000 R
Eskofot	DMX - 620	620 x 820	900-2450	2:54(15)	Innen	YAG	Ja	?	III/96	357.000 R
Gerber	Crescent/3030R	762 x 762	1270 - 3810	3:11[1]	Innen	Diode	N/Opt.	?	III/96	134.000
	/3030R HS300	762 x 762	1270 /1905	2:07[1]	Innen	Diode	N/Opt.	?	III/96	147.000
	/3030R HS400	762 x 762	1270 /1905	1:35[1]	Innen	Diode	N/Opt.	?	III/96	147.000
Highwater	Platinum	660 x 813	1270-2540	3:10	Flach	YAG	Opt.	N	II/96	225.000 R
Optotech	Optoset	400x510	-3048		Außen		N			73.000
Presstek	Pearlsetter 52	400 x 553	1016-2540	10:36	Außen	Dioden	N	Z	J	215.000 S
Presstek	Pearlsetter 74	616 x 749	1016-2540	14:48	Außen	Dioden	N	Z	J	250.000 S
POLYCHROME	Versitec	500 x 640	1152	1:40[1]	Flach	Dioden	J	Z	J	350.000 R
Scitex	Doplate 200	400x510	1500-3550		Innen		N		J	147.000
Bis DIN A1-Überformat (8 x DIN A4)										
Barco	Lithosetter III	810 x 1100	2540 - 4000	5:30	Flach	Argon	J	J,K	II/96	450.000
	Lithosetter III/S	810 x 1100	1270 - 2000	4:45	Flach	Argon	J	J,K	II/96	450.000
CREO	3244	813 x 1118	1200 - 3600	3:00	Außen	YAG	J	J,K	J	451.000
CREO	3244Fast	813 x 1118	1200 - 3600	2:00	Außen	YAG	J	J,K	J	599.000
CREO	3244T	813 x 1118	1200 - 3600	3:00	Außen	IR-Thermo	J	N	J	451.000
CREO	3244Trendsetter	813 x 1118	1200 - 3600	3:00	Außen	YAG	N	N	J	322.000
CREO	3244Trendsetter	813 x 1118	1200 - 3600	3:00	Außen	IR-Thermo	N	N	J	322.000
Crosfield	Celix 8000CTP	900 x 1045	1219 - 2348	(12)	Innen	Argon	J	N	II/96	550.000 R
Cymbolic Sciences	PlateJet	660 x 940	2000 - 4000	3:54	Innen	YAG	N	J,K	95	270.000 R
	NewsJet	660 x 920	- 2000	1:00	Innen	YAG	N	?	96	280.000 R
Dainippon	PlateRite	820 x 1068	1200 - 4000	6:48(6)	Innen	Argon	J	N	95	500.000
ECRM	AIR	B1	1270 - 2540	2:00	Innen	Argon	J	?	III/96	230.000

3.11 Checkliste

Hersteller	Produkt	Max. Format	Auflösung	Speed	Typ	Laser	Automat	Film	Verfügb.	Preis
Escher Grad	EG 8000	813 x 1118	500 - 6000	1:24 - 5:36	Innen	Argon	Opt.	N	I/96	360.000
Gerber	Crescent/42	813 x 1067	1270 - 3810	9:00	Innen	Argon	J.	J	J	413.000
	/42 High Speed	813 x 1067	1270 - 3810	5:00	Innen	Argon	J	J	J	441.000
	/42 Thermo	813 x 1067	1270 - 3810	5:00	Innen	YAG	Opt.	N	I/96	431.000
ICG	Titan 582	840 x 1120	1270 - 3360	10:00	Flach	YAG	J	J,K	J	430.000
Komori	PTP 80	900x1130	1000-4000	3:00(11)	Außen	Argon	J	J,K	96	k.A.
Komori	PTP 20	900x1130	1000-4000	6:00(5)	Außen	Argon	J	J,K	J	k.A.
Krause	LS110C	850 x 1050	1270 - 3810	8:30	Innen	Variabel	J	J	J	300.000
Linotype-Hell	Gutenberg	825 x 1067	1270 - 3386	8:00(6)	Innen	YAG	J	N	J	700.000 S
Optronics	Aurora	910 x 1130	1000 - 4000	6:00	Außen	Arg+YAG	Nein(EOS)	N	J	500.000 R
Strobbe	Newssetter	610 x 900	600 - 2400	(50)	Flach	YAG	J	?	96	500.000 R
			DIN A0 - Überformat und größer(16 x DIN A4 und mehr)							
BASYS	Prosetter	850 x 1340	635 - 2540	20:00	Flach	- - - -	N	N	II/96	365.000 R
BARCO	Lithosetter V	1350 x 1612	2540/4000	5:30	Flach	Argon	N	J,K	II/96	650.000
	Lithosetter VS	1350 x 1612	1290/2000	4:45	Flach	Argon	J	J,K	II/96	650.000
Cortron	Digital Page Stripper	1676 x 1676	1270 - 2540	6:40	Flach	YAG	N	N	J	715.000 S
CREO	4555 VLF	1143 x 1397	1200 - 2400	5:54	Außen	YAG	J	J,K	II/96	635.000
CREO	5467 VLF	1270 x 1702	1200 - 2400	6:54 -	Außen	YAG	J	J,K	II/96	868.000
	(vier Varianten)	1473 x 2032	(3200 opt.)	9:30						
Krause	LS140C	1050 x 1420	1270 - 2540	10:30	Innen	Variabel	J	J	J	399.000
Krause	LS170C	1350 x 1700	1270 - 2540	13:00	Innen	Variabel	J	J	J	599.000
Misomex	5040	1040 x 1350	1000 - 4000	8:00	Außen	Variabel	J	J,K	J	715.000
Misomex	Laserstepper	1700 x 1150	1270	4:00/A1	Flach	Argon	Opt.	N	J	600.000
		2100 x 1550	2540							
Optronics	XL4000	1040x1350	2000/4000	9:00	Außen	Argon	N	N	J	

Tabelle: 6
CTP-Anbieter weltweit
(Fortsetzung)

Die Wirtschaftlichkeit des Systems „Computer to Plate"

Kapitel 4

Wie der geneigte Leser gesehen hat, bedeutet der Einsatz von „Computer to Plate" nicht nur der Einsatz eines entsprechenden Recorders, sondern die Verwendung eines Gesamtsystems mit

- elektronischer Aufbereitung aller Seiten

- in ihren Anordnungen,

- ihren Farben und

- ihrer gewünschten Auflösung; über die

- entsprechende Ausschießform zur Gesamtformdarstellung, bis hin zum

- Digital-Proof, der mehr oder weniger aufwendig erstellt werden kann, bevor die Direktbelichtung auf die Platte durchgeführt wird.

Um die Wirtschaftlichkeit einer derartigen Investition in Maschinen und Einrichtungen, Materialien, aber auch in Know-how und Manpower zu bemessen, sollten wir uns vorab darüber klar werden, wie denn die Wirtschaftlichkeit gemessen werden kann? Dazu ist sicherlich die Erstellung einer Platzkostenrechnung hilfreich. Es muß aber von vornherein klar sein, daß die Platzkostenrechnung als solche nicht alle Kennwerte erfassen kann, die zur Beurteilung der Wirtschaftlichkeit oder Unwirtschaftlichkeit einer derartigen

Wirtschaftlichkeit

Investition erforderlich sind. Erschwert wird die Erstellung einer Platzkostenrechnung auch dadurch, daß die Aufgaben, die verwendeten Kostensätze und die einzusetzenden Zeitwerte von mehreren Gewerken erfaßt werden müssen. Wir verarbeiten ja durchgehend Satz, Repro, Kopie, Montagen und div. Verbrauchsmaterialen wie Platten und Chemikalien. Es bietet sich daher an, einmal aufzulisten, welche Aufgaben der verschiedenen Gewerke beim Einsatz durch ein „Computer to Plate"-System zusammengefaßt werden.

Sieht man sich diese Tabelle auf der nächsten Seite mit den aufgelisteten Arbeitsschritten genau an, so wird klar, daß es sich hierbei nur um Überschriften für teilweise sehr anspruchsvolle Arbeiten handeln kann. Ferner ist festzuhalten, daß der grafische Produktionsprozeß je nach Art der Arbeit verschieden umfangreich sein kann und in jedem Falle viele Schleifen innerhalb der einzelnen Arbeitsschritte einmal oder mehrfach durchlaufen werden müssen. Einerseits sind das Zeit und damit Geld kostende Aufgaben, andererseits sind das liebgewordene Korrekturmöglichkeiten, die auch ein bestimmtes Endprodukt erst ermöglichen.

Wir wollen diese Arbeitsschritte nun mit den Arbeitsschritten bei einer „Computer to Plate"-Installation vergleichen. Wenn wir dabei von einer analogen Vorlage ausgehen, dann nur deswegen, damit ein gewisser Rest von Wiedererkennen gewährleistet ist. In fast allen Fällen wird man gleich die elektronische Datei eingespielt bekommen. Dann hat man aber sofort ein bisher unbekanntes Problem zu lösen (Schritt 1). Vereinfacht gesprochen, besteht das Problem darin, daß man Wechselplatten oder Disketten nicht ansehen kann, was darin enthalten ist, oder ob das was drin sein soll auch wirklich ohne Problem funktioniert:

PostScript ist nämlich nicht immer gleich, und Dateien in Ursprungsform verlangen zur Darstellung immer die richtigen Programme in den neuesten Versionen. Eine Schwierigkeit, die nicht unterschätzt werden sollte. Bevor also an die Bearbeitung der gelieferten Datei gegangen werden kann, muß sichergestellt werden, daß alles verarbeitbar ist. Wie geht das? Die Industrie hat dazu in den letzten

	Konventionell		Computer to Plate
1	Analoge Vorlage	0	Analoge Vorlage
2	Farbseparation	0	Farbseparation per Scanner
3	Scanner-Ausgabe		
4	Retouche		
5	Beschnitt		
6	Endfilm erstellen		
7	Andruck/Proofing	1	Digitale Datei prüfen, editieren ggf. in PS wandeln
8	Standbogen zeichnen	2	Digitale Seiten- und Bogenmontage
9	Bogen-Montage	3	Formproof in s/w oder bunt erstellen
10	Plattenkopie	4	Digitale Plattenbelichtung/Online-Entwicklung
11	Plattenentwicklung		
12	Plattenkorrektur/Abdecken	5	Platten prüfen
13	Plattenmontage	6	Plattenmontage

Tabelle 7:
Wichtige Arbeitsschritte von der Vorlage zur Platte

Jahren einige Hilfsmittel entwickelt, die plattformübergreifend und ohne im Besitz des Ursprungprogramms zu sein, gestatten, die gelieferte Datei zu lesen und zu drucken bzw. auch zu bearbeiten, sofern die Datei in dieses Programm hinein destilliert wurde. Die Rede ist von Acrobat von ADOBE mit seinen beiden Komponenten Acrobat Destiller und Acrobat Reader. Der Destiller ermöglicht die Bearbeitung und Ausgabe von Dateien, die mit Fremdprogrammen erzeugt wurden, der Reader erlaubt nur die Betrachtung auf dem Bildschirm bzw. den Ausdruck der Datei ohne jede Bearbeitung.

Einen konsequent anderen Weg geht das Programmpaket ePscript® von der OneVision GmbH in Regensburg. ePscript® tritt an, die unterschiedlichsten PostScript-Formate auf dem Bildschirm sichtbar und mit allen grafischen Möglichkeiten auch vollständig editierbar zu machen. Daß dabei auch eine sehr gründliche PostScript-Eingangsprüfung, Fehlerbeseitigung und konsistente PS-Ausgabe stattfindet, ist eine sehr wichtiger Nebeneffekt, der für sich genommen schon die Anschaffung dieses Paketes wert ist. Wir werden im Kapitel 6 noch ausführlicher auf dieses

Wirtschaftlichkeit

Programmpaket eingehen. Doch nun zurück zu den Arbeitschritten beim Einsatz von CTP.

Wir können nun erkennen, daß in der Tabelle nur noch an einer Stelle, nämlich der Position 2, ganz verdichtet, die einzelnen Arbeitsschritte abgearbeitet werden müssen, die zur Fertigstellung dienen. Die restlichen konventionellen Arbeiten entfallen ganz.

Dieser Arbeitsschritt ist die Seitenvorbereitung mit...

4.1 Retouche, Über- /Unterfüllung etc.

An einer Workstation oder dem Bedienerterminal erfolgt die Erstellung der Ganzseite mit Bild, Text, Grafik und allen Arbeitsanweisungen. Hinzu kommen an dieser Stelle Anforderungen, wie sie von Seiten des Auftraggebers vielleicht erst in allerletzter Minute als Änderungen einfließen sollen. Das bedeutet: Korrektur und Pflege der angelieferten Originaldaten. Berücksichtigt werden müssen aber auch die Arbeiten, die heute während des Kopierprozesses und der Ausbelichtung der einzelnen Vorlagen auf die Druckplatte miterledigt werden. Einflüsse, die im wesentlichen von den verwendeten Druckmaschinen und deren Parametern abhängen. Ein zunehmend wichtiger werdendes Element dieser Beeinflussung ist neben der zu kompensierenden Tonwertzunahme auch die Notwendigkeit, am Bildschirm das nötige Maß an Unter- oder Überfüllung festzustellen und die entsprechenden Korrekturen vornehmen zu können. Da die Unter- oder Überfüllung sowohl vom Bildinhalt als auch von den Parametern der Druckmaschine, eventuell des verwendeten Papiers sowie der Druckfarben abhängen, ist die Anforderung an den Bedienerarbeitsplatz besonders hoch.

Häufig haben die Vorlagen, die bisher analog angeliefert wurden, Teile dieser Vorbereitung bereits berücksichtigt. Es empfiehlt sich nicht, diese Praxis beim Einsatz von CTP fortzusetzen. Es kostet mehr Geld und Zeit diese Korrekturen als solche zu erkennen und sie erneut ggf. zu korrigieren als sie

4.1 Retouche, Über-/Unterfüllung

völlig neu zu erstellen. Also, neu machen ist billiger, als Kundenkorrekturen zu übernehmen.

4.1.1 Formproof oder Andruck (Blaupause)

Sind die einzelnen Seiten in entsprechender – meist natürlicher – Reihenfolge und gemäß den Wünschen der Auftraggeber erstellt, so muß dies unter Umständen vom Auftraggeber bestätigt werden. Dazu benötigt er einen umfassenden Formproof-Ausdruck.

Der Proof-Ausdruck. kann in Form einzelner Seiten erfolgen oder, was vielfach auch verlangt wird, als ausgeschossener Standbogen (Formproof). In diesem Falle erhebt sich die Frage, ob dafür ein separater eigenständiger RIP eingesetzt werden darf, der die Entkoppelung des Arbeitsflusses ermöglicht, und damit die Auslastung der eigentlichen Belichtungsmaschine für die Druckplatte verbessert, oder ob dies aus Identitätsgründen der gleiche RIP sein muß, der später die Druckplatte aussteuert. Heute setzt sich mehr und mehr die Einsicht durch, wenn viele Proofs zu erstellen sind, alle Proof-Ausgaben über einen separaten aber baugleichen RIP durchzuführen.

Ein eigener, baugleicher RIP hat darüber hinaus den Vorteil, daß er mit geringerer Auflösung fahren kann, was zu erheblichen Zeitersparnissen führt. Eventuell kann auch eine verkleinerte Form ausgegeben werden. Auch das bewirkt eine Kostensenkung. Die Verwendung des gleichen RIPs für Proofs und Original hat aber auch einige Vorteile. Dann nämlich, wenn eine absolute Identität des Proofs mit dem Original hergestellt werden muß. Dies kann bei hoch anspruchsvollen Anzeigensujets zwingend sein, ist aber manchmal schon bei Werkdruckaufgaben erforderlich, wenn z.B. Sonder-Schriften nur in einem RIP vorrätig sind.

(Diese Anmerkung klingt vielleicht trivialer als sie ist. Aber heute haben viele Autoren und Verlage die Möglichkeit, „eigene Schriften" zu schaffen. Leider werden diese Möglichkeiten auch genutzt und führen dann bei der RIP-Aufbereitung unter Umständen zu Erkennungsproblemen

Wirtschaftlichkeit

und Laufweitenunterschieden. Diese können den Umbruch und das Ausschießen stark beeinflussen.)

In jedem Falle ist die Proof-Erstellung mit höher steigendem Schwierigkeits- und Qualitätsgrad immer wichtiger und muß in die Gesamtkostenbetrachtung Eingang finden. Auch konventionell oder unter Verwendung von digital erzeugten Formen und Filmen ist dieser Arbeitsschritt heute wesentlich und führt zu erheblichen Zeitaufwendungen und Kosten.

4.1.2 Ausschießen und Markierungen, Passer

Als letzter Teil ist die Ausgabe der erstellten Gesamtform – nunmehr bereits ausgeschossen – versehen mit allen Passerangaben, Marken, Meßkeilen und sonstigen Signaturangaben, auf die Plattenbelichtungsmaschine vorzunehmen. Das heißt, daß der Ausschießer – die auszuschießende Form – in Übereinstimmung sein muß mit den Faltschemen, die von der Druckmaschine und den nachgeschalteten Einheiten verlangt werden. Auch hier fließt eine Menge Know-how in die Gestaltung des Ausschießschemas ein, das bisher nicht Bestandteil der Ausbildung von Reprografen oder Setzern war. Auch im DTP-Bereich waren diese Anforderungen bisher unbekannt. An diesem Arbeitsplatz sind letztendlich auch die Entscheidungen zu treffen, auf welcher Druckmaschine die Formen ausgedruckt werden sollen. Man hat jetzt die Möglichkeit, in allerletzter Sekunde sozusagen, den weiteren Weg durch den Betrieb zu bestimmen.

Diese Flexibilität wird sicherlich als sehr angenehm empfunden werden, ist aber schwerlich in irgendeiner Platzkostenrechnung unterzubringen. Das gleiche gilt für die Bewertung der wesentlich verkürzten Zeit zwischen dem Eingang der digitalen Einzelseiten bis zur Verfügbarkeit der ausgeschossenen und richtig belichteten Platte.

Danach folgt in einem Arbeitsgang der letzte Schritt:

Einige Hinweise zur Systemauswahl

Bei der Auswahl der Systemkomponenten für ein „Computer to Plate"-System ist mindestens an dieser Stelle erstmalig zu fragen, wie denn die zu belichtenden Platten verwendet werden?

Was passiert, wenn die Platte, aus welchen Gründen immer, nicht verwendbar sein sollte? Es hat sich inzwischen weitestgehend herumgesprochen, daß RIP-Zeiten, aber auch die Transformationszeiten der verschiedenen Dateiformate in ein gerastertes Format zeitbestimmend für die Erstellung von Ganzseitenfilmen oder Ganzseitenplatten sein können.
Je mehr Bilder eine Seite enthält oder eine ausgeschossene Form enthalten soll und je feiner deren Auflösung ist, desto länger brauchen die RIPs zur Aufrippung der Dateien. Gar nicht zu sprechen von der Zeit, die verbraucht wird für die notwendige Unter- oder Überfüllung der Einzelformen innerhalb der Seite.

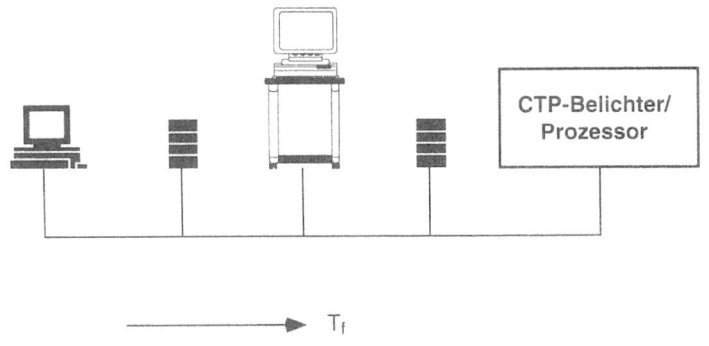

Bild 35:
Blockschaltbild zur RIP-
und
Speicheranordnung

Die Zeit T (Transferzeit) ist umso größer, je

- größer die Form, je
- langsamer der Rechner und je
- zahlreicher die Bildanteile in der Form sind.

Wirtschaftlichkeit

Speichervolumen und RIP-Anordnung

Es gibt nun die Möglichkeit, die ausgeschossene und als geprüft freigegebene Form im PostScript-Format zwischenzuspeichern. Man hat dann den Vorteil der relativ geringen Datenmenge selbst bei komplizierten Formen. Die Datenmenge wird selten 20-100 MB pro Form überschreiten. Man muß allerdings, bei Wiederholung der Herstellung einer Platte im Belichter, die Zeit dazu rechnen, die benötigt wird, aus der PostScript-Datei erneut eine aufgerippte Form zu erstellen. Durch die Fortschritte in der Hardwareentwicklung und bei Auswahl der richtigen RIPs wird die dafür notwendige Zeit, je nach Geschwindigkeit des RIPs und der Datenwege sowie des Inhaltes, wenige Sekunden bis zu einigen Minuten dauern. Ist nun für die Weiterverarbeitung im Drucksaal eine Rollenmaschine vorgesehen, so hängt der Start der Maschine u.U. von der Anlieferung nur einer fehlenden Platte ab. Allerdings kann das Problem der langen Wartezeiten bei der Rippung heute weitestgehend als gelöst betrachtet werden oder wird durch eine geeignete Systemlösung mit Dopplung der RIPs umgangen.

Hat man genügend Zeit, so kann das eingangs beschriebene Verfahren der PS-Zwischenspeicherung zur Archivierung der Plattenmenge von mindestens einer Schicht oder einer Woche auf digitale Wechselplatten oder Magnetbänder die richtige Lösung sein. Auf jeden Fall ist sie kostengünstiger und entlastet den Betrieb von weiteren Investitionskosten. Hat man diese Zeit jedoch nicht, so muß man die als Datei aufgerippten Formen zwischenspeichern. Diese können z.B. für das 3B-Format locker zwischen 200 MB und 800 MB an Speichermenge enthalten, manchmal auch noch mehr. Wie stark sich das zu speichernde Volumen für die Zwischenspeicherung auf die Systementscheidung auswirken kann, soll das in der folgenden Tabelle aufgeführte Beispiel verdeutlichen:

4.2 Platte belichten, online entwickeln

Kosten für 1 GB Harddisk ca. 450 DM			
	Auflösung 1200 dpi	Auflösung 2400 dpi	Maßeinheit
Platten pro Schicht	50	100	Stück
Datenmenge je Bogen PS-Format in MB	45	45	MB
Datenmenge je Bogen Pixelformat in MB	200	800	MB
nach Kompression in MB * (6 :1)	33	133	MB
Gesamtvolumen pro Schicht im PS-Format	2	5	GB
Gesamtvolumen pro Woche im PS-Format	11	23	GB
Gesamtvolumen pro Schicht im Pixelformat	10	80	GB
Gesamtvolumen pro Woche im Pixelformat	50	400	GB
Gesamtvolumen pro Schicht im Pixelformat komprimiert *	2	13	GB
Gesamtvolumen pro Woche Pixelformat komprimiert *	8	67	GB
* komprimieren kostet Zeit !!			

Tabelle 8: Bedarf an Datenspeicherplatz für 1 Woche Produktion mit einer Schicht

Wie aus der Tabelle deutlich hervorgeht, kann die schnellste Form des Wiedergewinnens einer defekten Platte auch bei niedrigen Speicherkosten noch nicht übersehen werden. Allerdings fallen die Kosten dafür nur einmal an, haben also investiven Charakter.

Das bedeutet, daß bei angenommenen 50 Platten pro Tag und Speicherung im Pixelformat mindestens 10 Gigabyte an Daten entstehen. Das ist heute allerdings nicht mehr ein so großes Volumen, das ins Gewicht fällt, insbesondere wegen der stark gefallenen Einzelkosten für Festplatten oder Bandspeicher. Heute sind Speichersysteme verfügbar, die unter eigener Verwaltung jede Form der Datensicherheit (RAID Systeme mit RAID Level 0 bis 5) und alle Dateigrößen zulassen, und das zu durchaus erträglichen Kosten. Im Betrieb wird man dann trotzdem eine sehr gründliche Analyse zu erstellen haben, um den optimalen Ort, die optimale Form und die optimale Dauer der Speicherung zu finden. Für einige Zwecke sind statt der magnetischen Festplatten auch DAT (Band)-Speicher oder optische Platten angebracht.

Wirtschaftlichkeit

Es ist also sehr notwendig, sich diese und natürlich andere Fragen, auf die wir noch kommen werden, vorher klar zu machen. Deswegen sei an dieser Stelle noch einmal der Hinweis gestattet, eine derartige Installation nur mit kompetenter Beratung zu planen und durchzuziehen. Wichtig sind nicht nur die Festlegung der Anforderungen und die entsprechenden Investitionen in Maschinen und Einheiten, sondern auch die Prüfung der Folgeinvestition in Manpower, Betriebsmittel und die zu erwartenden Zeitabläufe, um zu fundierten Aussagen zu kommen.

Gesetzt den Fall, wir haben alle Fragen, auch unter Verwendung dieses Buches, hinreichend genau geprüft und die entsprechenden Kennzahlen erarbeitet. Dann empfiehlt es sich, eine Platzkostenrechnung aufzustellen, wie sie als Modell in der Tabelle auf Seite 123 dargestellt ist.

Am besten ist es, bei einer Platzkostenrechnung das Vorher dem Nachher gegenüberzustellen, um den erwarteten, wirtschaftlichen Effekt auch richtig auszudrücken.

Wie Sie sehen, enthält die Platzkostenrechnung sämtliche Investitionen, deren möglichen Nutzungsgrad und die aufzubringende Abschreibung. Auch die kalkulatorischen Zinsen sind berücksichtigt, die bei einer alternativen Einzahlung der Investitionsmittel auf ein Festgeldkonto bei der Bank anstelle des Einsatzes in CTP anfallen würden.

Zusätzlich müssen proportionale Kostenanteile ermittelt werden. Wie, das sehen Sie beispielhaft weiter unten.

Insgesamt enthält die Platzkostenrechung sehr viele Einzelposten, die ermittelt und abgewogen zueinander eingetragen werden müssen. Des besseren Verständnisses wegen wollen wir uns die großen Einzelposten nun ansehen.

Die Tabelle ist aufgeteilt in:

Eingangsdaten

- Zahl und Aufgaben der eingesetzten Mitarbeiter (hier wurde eine einstufige Druckerei untersucht, ohne Repro)

- Formate, Plattenverbrauch, Filmverbrauch

4.2 Platte belichten, online entwickeln

- Abschreibungsdauer für Investitionen und kalkulatorische Zinsen

- Nutzungsgrad der Einrichtungen, sowie Zahl der Arbeitstage pro Jahr (in diesem Fall wurde mit 1 Schicht* gerechnet), Personalkosten als Stundensatz und zu Vollkosten gerechnet. **

Eingangsdaten:							
	Breite (mm)	Länge (mm)	Fläche in qm	Anzahl p.a.			
Endformat (Folie/Platte)	1296	1425	1,8468	2026	4	Vorlagenformat	A4
Endformat (Folie/Platte)	770	1030	0,7931	11324	5	Vorlagenformat	A4
Endformat (Folie/Platte)	770	1030	0,7931	0	6	Vorlagenformat	A3
			Gesamtquadratmeter p.a. 12723	13350	Stück Platten/Folie/Bogen		
Anzahl Mitarbeiter zur Durchführung der Arbeiten							
	Konventionell		CTP				
Montage	5		Vorbereitung	2			
Kopie	4		Belichtung	1			
Sonstige Hilfen	2		Sonstige Hilfen	1			
Gesamt Personal	*11*		*Gesamt Personal*	*4*			
Personalkst. pro h (Vollk.)	55		Personalkst. pro h (Vollk.)	55	DM		
Abschreibungsdauer	5	Jahre					
Kalk. Zinsen auf Investition	0,075	0,5					
Nutzungsgrad Einrichtungen		0,85	Produktivzeit Personal				
Anzahl Arbeitstage	240						
Investitionen							
Kopierrahmen	20000	DM	Belichter	450000	DM		
Entwicklungsmaschine Platten	45000	DM	Beschickungssys.	150000	DM		
Sonstiges	20000	DM	Processor	70000	DM		
Raumfläche	100	qm	Frontend/Hardisk	50000	DM		
			Zusatz Harddisk	40000			
Raummiete	20	DM/Monat					
			Sonstiges	25000	DM		
Raumkosten p.a.	24000	DM p.a.	Raumfläche	45	qm		
			Raummiete	20	DM/Monat		
			Raummiete p.a.	10800	DM p.a.		
Gesamt Invest	*85000*		*Gesamt Invest*	*785000*	*DM*		
Kapital- und Raumkosten pro Jahr	44187,5	DM p.a.		197237,5	DM p.a.		
Variable Kosten							
	Materialverbrauch konventionell		Materialverbrauch CTP				
Folie in qm	12723		Platten in qm	12723			
Platten in qm	12723						
Verschnitt	0,05		Verschnitt	0,05			
Gesamt qm	13359		Gesamt qm	13359			
Preis Folie/qm	4		Preis/qm	28			
Preis/Platte pro qm	13						
Kosten Folie p.a & Platte p.a.	218843	DM	Kosten Platten p.a.	374070	DM		
Tesafilm p.a	6000	DM					
Kleber p.a	2000	DM					
Chemie p.a	16540	DM	Chemie p.a	18703			
Gesamtkosten Material	226843	DM	Gesamtkosten Material	374070	DM p.a.		
ohne Proof-Material, gerechnet 1: 1 wie konventionell			ohne Proof-Material, gerechnet 1: 1 wie konventionell				
Alle Kosten							
	Konventionell		CTP			Differenz	
Personalkosten/Seite	7,76	DM	Personalkosten/Seite	2,82	DM	4,94	DM
Kapitalkosten/Seite	0,29	DM	Kapitalkosten/Seite	1,58	DM	-1,29	DM
Materialkosten/Seite	1,51	DM	Materialkosten/Seite	2,50	DM	-0,98	DM
Gesamtkosten/Seite	9,57	DM	Gesamtkosten/Seite	6,91	DM	2,67	DM
			Differenz: konventionell zu CTP			2,67	DM
Gesamtkosten/Platte	76,61	bei 8 Seiten		55,29	bei 8 Seiten		
			Einsparungen pro Jahr			398686	DM
			Return on Investment			1,97	Jahre

Tabelle 9: Kosten/Nutzenrechnung für CTP-Anlagen

Wirtschaftlichkeit

* Anmerkung (1): Für die grobe Übersicht der Tabelle 9 ist es nicht wichtig, ob die Arbeiten in einer Schicht oder in mehreren Schichten erbracht werden. Auf die gezeigte Weise, ohne Schichtberücksichtigung, wird eine zu komplizierte Berechnungsweise vermieden. Die Kosten können durch Schichtzuschläge nur höher werden und damit die ROI–Zeit kürzer.

** Anmerkung (2): es ist letztlich eine Frage der Philosophie, ob an dieser Stelle die Vollkosten anzusetzen sind, oder nur die direkten und indirekten Gehälter. Je nachdem, ob Freisetzungen erfolgen müssen, oder ob die Möglichkeit der Weiterbeschäftigung innerhalb des Betriebes besteht, sind die direkten Kosten oder die Vollkosten die richtigen Werte.

Der nächste große Block sind die

Investitionen und andere Fixkosten

- in Maschinen und
- Raummieten.

Als nächsten Block definieren wir die

Variablen Kosten mit

- allen Materialverbräuchen, Verschnitt etc.

Im dargestellten Fall wird auf ein Proof-System (noch) verzichtet. Entsprechend fallen dafür auch keine Kosten an.

Im Block

Alle Kosten
sind jetzt die Einzelkosten aufsummiert und auf die Summe der Einzelseiten, die vorher ermittelt wurde, bezogen worden. Auf diese Weise werden die verschiedenen Kosten vergleichbar.

Dann ermitteln wir die Kostendifferenz beider Verfahren. In der Zeile

Einsparungen pro Jahr
wird einfach die Zahl der Seiten mit der Einsparung multipliziert, daraus ergibt sich die rechnerische Einsparung pro Jahr. Die Zeile

Return on Investment (ROI)
bezieht diesen Wert auf den Gesamtinvest und ergibt somit die Zahl von Jahren, die vergeht, bis diese Investition für sich das Geld eingespielt hat und für das Unternehmen Gewinn bringt.

Anmerkung zum Beispiel:
Das durchgerechnete Beispiel bezieht sich auf eine Druckerei ohne eigenen Satz und ohne Repro. Deswegen sind die Investitionen in den „Computer to Plate"-Bereich auch vergleichsweise sehr hoch. Sicher eine Hürde, über die nicht alle gehen können.

Außerdem ist unterstellt, daß die Aufträge zu 100 % digital hereinkommen. Sicher ist das erst der mögliche Endzustand (gerade bei dieser Art von Betrieb) und nicht der Anfangszustand. Möglich wären diese angenommenen 100 % bei Druckereien, die ihr Investment in ein modernes digitales Vorstufensystem, z.B. über „Computer to Film", schon lange vorangetrieben haben. Dann würden sich zwar die vorderen Zeilen im Personal- und Maschinenbereich von den Kosten her wesentlich ändern, gleichzeitig würden aber auch die Kosten für die Umstellung auf CTP deutlich geringer ausfallen.

Wie dem auch sei, jeder Betrieb sollte seine eigene Vergleichsrechnung aufstellen und für sich die richtigen Werte ermitteln. Das vorgegebene Schema kann und soll nur als Beispiel, aber auch als Anleitung zum Handeln verstanden werden.

Die wichtigste Aussage der Platzkostenrechnung ist die Forderung, die jährlichen Kosten auf wiederkehrende Einheiten zu beziehen. Es bietet sich an, dafür die Einheiten des erzeugten Produktes selbst zu verwenden, also Seiten, Nutzen, Bögen etc.

Wirtschaftlichkeit

Im Falle des Verarbeitens von Einzelseiten, sei es für Kataloge, Prospekte, Bücher oder ähnliches, empfiehlt es sich, die Kosten dann auf die Einzelseite zu beziehen. Ferner sollte man, möglichst genau, den Arbeitsinhalt für die einzelnen Prozeßschritte in Personen-Minuten erheben. Am einfachsten geschieht das dadurch, daß man die Kopfzahl der mit diesen Aufgaben beschäftigten Mitarbeiter aufaddiert und sie mit der verfügbaren Anzahl der Minuten pro Jahr und Schicht oder Monat und Schicht multipliziert. Wenn die Zahl der Seiten, die von dieser Mannschaft in der entsprechenden Zeit produziert wird, auf die Gesamtarbeitsmenge bezogen wird, so erhält man den Arbeitsinhalt pro Seite in Personen-Minuten.

Zu diesem ermittelten Ergebnis sollten dann noch Zu- und Abschläge gerechnet werden, die durch nichtmaterielle Vorgänge, wie z.B. Veränderung der Flexibilität, Vermeidung von Ausschuß, aber auch durch Schulungskosten, erhöhte Abschreibungsbedürfnisse für Computer und Speicher sowie unter Umständen Service- und Reparaturkosten für die Investitionsmittel gebildet werden. Im gezeigten Beispiel ist das nicht geschehen. Es können natürlich nur grobe Schätzungen sein. Man muß aber der Versuchung widerstehen, sich in die eigene Tasche zu lügen. Es ist sehr zu empfehlen, ehrlich sich selbst gegenüber zu bleiben und nicht irgendwelchen Wunschträumen nachzujagen.

Die so erzielten Daten zeigen dann sehr deutlich, um wieviel die Produktion mit neuen Verfahren wirtschaftlicher oder, bezogen auf die durchzusetzende Produktionsmenge, auch unwirtschaftlicher sein kann. Als Grenzwert für die Beschaffung einer derartigen Investition sollte ein Return on Investment (ROI) von längstens 3 Jahren stehen. Alles was gleich oder schneller ist, als das, was durch das eingesetzte Kapital in 3 Jahren verdient wurde, ist als gut zu betrachten. Alles was länger als 3 Jahre dauert, sollte noch einmal sehr gründlich überlegt werden. Man darf an dieser Stelle aber auch nicht übersehen, daß in jedem Falle beim Umsteigen auf CTP der Betrieb eine Lernkurve zu durchfahren hat. Die Lernkurve nämlich, sicher zu beurteilen, in welcher Art, mit welchen Menschen und mit welchen Aufträgen „Computer to Plate" eine sinnvolle Lösung darstellt, und mit welchen nicht. Je früher ein Betrieb diese Lernkurve durchfährt, desto eher kann er sich mit diesem besonderen Wissen am Markt bei seiner Kundschaft profilieren und erste Aufträge zu noch guten Preisen erhalten. Er vermeidet so, zu spät einzusteigen. Den richtigen Zeitpunkt für den eigenen Betrieb zu finden, dazu soll Sie dieses Buch in die Lage versetzen.

Obwohl die erzielbaren Einsparpotentiale von Betrieb zu Betrieb sicher unterschiedlich sein werden, haben wir versucht, in einer Art globaler Berechnung, das mögliche Einsparpotential bei der Plattenproduktion in einer Druckerei zu ermitteln. Die so gewonnenen Werte wurden auf die Kosten der einzelnen Platten, die ein Betrieb zu erstellen hat, bezogen.

Wie die Grafik in Bild 36 zeigt, liegt das Einsparpotential bei der Einführung von „Computer to Plate", je nach Betrieb und Auflage, irgendwo um die 30 bis 50 %. Damit ist es sicherlich interessant genug, daß sich Betriebsleitungen mit dieser Fragestellung auseinandersetzen müssen.

Übertrüge man die so ermittelten Einsparpotentiale auf die Auflagenhöhe, so folgten sie einer abfallenden Kurve. Mit höher werdender Auflage wird eben der Einfluß der Vorstufe geringer. Es liegt auf der Hand, daß mit zunehmender Auflagenhöhe dieses Einsparpotential geringer wird,

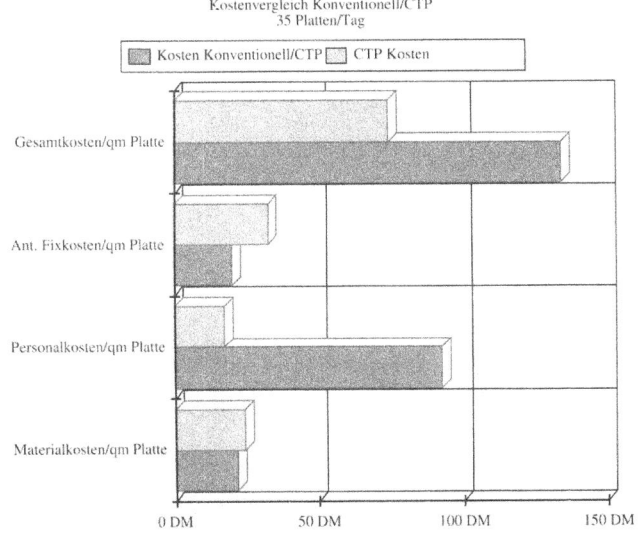

Bild 36:
Einsparpotential beim Einsatz von CTP

Wirtschaftlichkeit

weil die Kosten, die in der Vorstufe verbraucht werden, dann auf wesentlich mehr Einheiten umgelegt werden können. Leider zeigt aber der Trend, innerhalb der gesamten grafischen Industrie, daß die Auflagen eher sinken als steigen. Daß Auflagen zwischen 4.000 und 10.000 gedruckt werden, ist mittlerweile wohl eher an der Tagesordnung als Auflagen zwischen 10.000 und 50.000 oder gar darüber.

In Bild 36 sind daher die Einzelkosten, bei einer Produktion von 35 Platten (III b) täglich, aufgezeichnet worden. Die CTP-Investition wurde mit 840 TDM angenommen und einer bereits eingesetzten Kopiermaschine mit Zubehör im Investitionswert von 450.000 TDM gegenübergestellt. Wie man sieht ist die Gesamtbilanz deutlich besser, zugunsten der CTP Produktion. Selbst bei einer vergleichsweise geringen Produktionsmenge von 35 Platten täglich.

Nachdem wir nun die wirtschaftlichen Grundlagen von Investitionsentscheidungen in die Erinnerung zurückgerufen haben, wollen wir uns im folgenden Kapitel mit den weiteren Anforderungen an eine sinnvolle Systementscheidung heranwagen und versuchen herauszuarbeiten, was zusätzlich zu beachten ist, um Fehlinvestitionen zu vermeiden, aber auch den Anschluß nicht zu verlieren.

Die richtige Wahl — Kapitel 5

Wie vermeide ich Fehlinvestitionen? Nachdem sich der geneigte Leser nun durch die Informationen und Anregungen durchgearbeitet hat, kommen wir nunmehr zu der interessantesten Frage. Nämlich, wie vermeide ich jetzt, falsch zu investieren, bewahre aber andererseits den Anschluß und versuche, meinen Betrieb modern ausgerüstet zu erhalten.

Um es rundheraus zu sagen: Es gibt leider für diese Fragestellung keine eindeutige Lösung, die, sozusagen als ehernes Gesetz, für alle Betriebe gleichermaßen anzuwenden ist. Nach dieser, für einige vielleicht enttäuschenden Nachricht kann man doch festhalten, daß es einen für alle gültigen und auch gangbaren Weg gibt, die Entscheidungsfindung vorzubereiten. Die Entscheidung selbst wird nach wie vor unterschiedlich ausfallen.

Wir haben gelernt, daß „Computer to Plate" nicht nur die Wahl der richtigen Ausgabeeinheit ist, sondern ebenso die Wahl:

- der richtigen Plattensysteme und

- der richtigen Netzwerkverbindung und

- Leitungsgeschwindigkeiten, aber auch die Festlegung

- der richtigen Workstations und Eingabeeinheiten

- der Ausschießprogramme

Die richtige Wahl

- der RIP-Hard-/Software

- der Überfüllungs-/Unterfüllungs- und

- anderer Softwarekomponenten, ferner

- des richtigen Proof-Verfahrens und der damit verbundenen

- Anforderungen an Mensch und Maschinen.

Wir haben in den vorausgegangenen Kapiteln zu jeder einzelnen dieser Komponenten Stellung genommen (oder werden es noch tun) und Funktion und Bedeutung erläutert. Unsere Aufgabe ist nun zu versuchen, deren wichtigste Kenndaten so herauszuarbeiten, daß der Normalverwender in den Betrieben damit auch zurecht kommt.

An dieser Stelle wollen wir, zum Thema der richtigen Auswahl (bezogen auf die gewünschten Ergebnisse), einige grundsätzliche Anmerkungen machen, die der Betrieb zur Beurteilung benötigt. Es ist sinnvoll und sollte vom Planer auch so gehandhabt werden, daß er für den Betrieb ein Schema aufbaut, das die wichtigsten Kenndaten des eigenen Betriebes aufzeigt. Zu diesen Kenndaten gehören unter anderem zum Kennenlernen der eigenen Aufträge:

- die Art der Aufträge

- die Menge der Aufträge, die der Betrieb bearbeitet, sortiert nach Qualitätsanforderung, wie

- Vierfarbaufträge oder

- Schwarzweiß-Anwendung, die

- Durchlaufgeschwindigkeit durch den Betrieb und Menge (z.B. Anzahl der Seiten, die jährlich zu produzieren sind).

Es empfiehlt sich, bei knapper Personaldecke die Ermittlung dieser Kenndaten durch externe Berater unterstützen zu lassen.

Ferner sollte von den zu erledigenden Aufträgen aufgeschrieben werden, was der Betrieb besonders gut und was man derzeit oder generell nicht so gut kann. Sei es, daß es zu umständlich ist und nicht in den Arbeitsfluß des Betriebes paßt oder zu aufwendig ist. Zum Beispiel, wenn die entsprechenden Einrichtungen nicht vorhanden sind, um diese Aufträge kostengünstig zu produzieren.

Als weitere Kenngrößen muß man sich überlegen,

- welche Mitarbeiter zur Zeit für die verschiedenen Aufgaben in der Vorstufe eingesetzt werden,

- welche Altersstruktur sie haben und

- wie ihre individuellen Möglichkeiten beschaffen sind, neue Arbeiten zu erlernen.

Zur Abschätzung des Human Capitals des Betriebes ist es in diesem Zusammenhang sehr wichtig festzustellen, was der einzelne Mitarbeiter in bezug auf seine Arbeit besonders gut kann, wie schnell er in der Auffassung ist, und natürlich als Gegenstück dazu, was ungerne erledigt wird, weil man es nicht so gut kann.

Einschätzen der verfügbaren Finanzen

Als nächste Grundinformation sind die dem Betrieb zugänglichen Finanzquellen zu überdenken. Man soll sich im vorhinein darüber klar werden, daß hier Investitionsmittel zwischen minimal 350 TDM und maximal 1,5 Mio. DM bis 2 Mio. DM auf den einzelnen Betrieb zukommen. Für viele Betriebe sind Investitionen in dieser Höhe im Bereich der Druckvorstufe ungewöhnlich hoch. Das werden leider auch einige Banken so sehen. Mit Druckmaschinen umzugehen und diese zu finanzieren, daran hat man sich gewöhnt. In die Vorstufe mehr als nur Kopierrahmen und Entwicklungsmaschine zu investieren, will erst einmal verdaut sein. Daher

Die richtige Wahl

ist es sicher erforderlich, sich vorher die Frage zu stellen, auf welche Weise denn finanziert werden soll? Über Eigenmittel, über Kredite – Bank- oder Lieferantenkredite? Auch die entsprechenden Konditionen sollten vorher schon einmal abgeklopft werden.

In der folgenden Tabelle ist eine Möglichkeit der Strukturierung dieser Daten vorgedacht worden. Sie muß nicht im einzelnen auf jeden Betrieb passen und sollte von den interessierten Lesern für ihre eigenen Betriebe übernommen und/oder abgewandelt werden.

Tabelle 10:
Datenstrukturierung zur Betriebsanalyse

Auftragsstruktur	% digital ?	Akzidenz	Zeitung	Werkdruck	Etiketten	Verpackungen
die Art der Aufträge						
die Menge der Aufträge						
Qualitätsanforderung, wie						
Vierfarbaufträge oder						
Schwarzweiß-Anwendung						
Durchlaufgeschwindigkeit						
Menge der Produkte						
(z.B. Anzahl der Seiten, die jährlich zu produzieren sind)						

Welche Mitarbeiter machen was ?	Anzahl	ØAlter	Möglichkeiten
Montage			
Kopie			
Satz			
Repro			
AV			

Finanzierung	Höhe	Anteil	Konditionen
Eigenmittel			
Kredite			
Bank			
Lieferantenkredite			

Schon die Ermittlung dieser Daten durch Strichlisten oder wo schlecht meßbar, auch durch vorsichtige Schätzung ist für das Verständnis des eigenen Betriebes sehr wertvoll. Für die Erarbeitung der Grundlagen einer Investitionsentscheidung dieser Tragweite ist sie aber unerläßlich.

Einschätzen der zukünftigen Entwicklung
Zur Vollendung der betrieblichen Durchleuchtung gehört auch die Einbeziehung der Zukunft. Wir sind zwar alle keine Hellseher, aber eine vorsichtige Trendprognose zur Abschätzung der Zukunft sollte wohl möglich sein. Deshalb besteht die Aufforderung an den Leser, einen Blick in die nähere Zukunft zu werfen. Unter Umständen werden sich

Die richtige Wahl

- die Auftragsstruktur,

- der Standort,

- die Mitarbeiterzusammensetzung oder

- die Finanzmittel

erheblich ändern. Ob diese Änderungen zwanghaft ohne eigenes Zutun auf den Betrieb zukommen oder weil man sie aufgrund von Eigeninitiative ansteuert, ist dabei unerheblich. Wichtig ist, daß man sich darüber im klaren wird, wohin denn der eigene Betrieb geht und welche Arbeitsschwerpunkte in Zukunft gegenüber den heutigen zu erledigen sein werden.

Wenn alle diese Fragen beleuchtet, ausführlich diskutiert und schließlich so gut wie möglich beantwortet wurden und daraus alle Werte ermittelt wurden, dann lassen sich jetzt schon sehr brauchbare Forderungen ableiten, die von einem möglichen „Computer to Plate"-System erfüllt werden müssen.

Letztendlich dreht es sich immer wieder um dieselben Aufgabenstellungen, die sich wie folgt darstellen lassen:

1. Erhöhung der Produktivität des Betriebes

2. Senkung der Kosten

3. Erhöhung der Flexibilität

4. Erhöhung der Qualität

5. Senkung der Durchlaufzeiten

6. Ausweitung des Kundenstammes

7. Kompensation von geringer werdender Mitarbeiterqualifikation (hervorgerufen z.B durch Abwandern oder Pensionierung von qualifizierten Mitarbeitern)

Die richtige Wahl

Es mag sein, daß bei dieser Aufstellung der eine oder andere Schwerpunkt außer acht gelassen worden ist, jedoch lassen sich bestimmt auch andere Anforderungen als die genannten auf diese 7 Grundforderungen zurückführen. Ein gutes Praxisbeispiel über die erzielbaren Einsparungen bei der Durchlaufzeit und damit der Arbeitsinhalte zeigt die folgende Grafik. Sie ist das Ergebnis konsequenter Beachtung dieser Regeln und ein schönes Beispiel für die Fortschritte, die mit CTP zu erreichen sind. Nichts an dieser Grafik ist geschönt oder verbessert, allerdings sind die genannten Werte nur auftragsbezogen zu sehen, und gelten nicht generell.

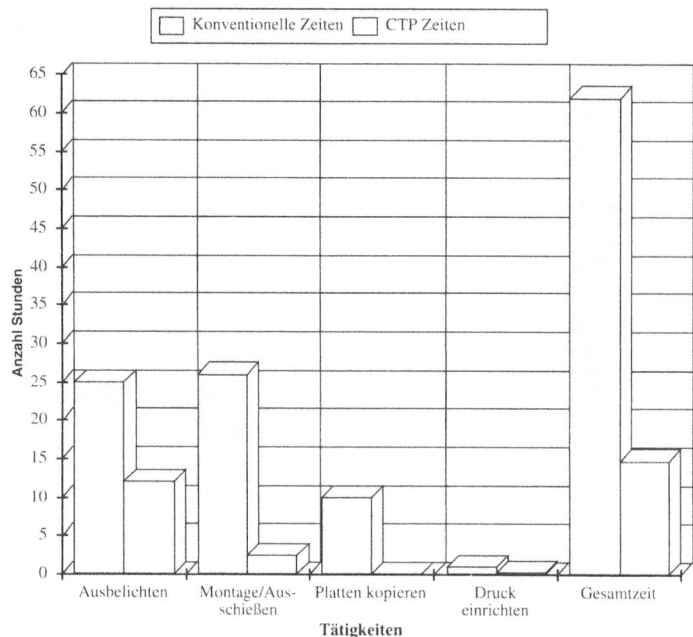

Bild 37:
Zeitverbrauch
CTP/Konventionell

Die Analyse des eigenen Betriebes steht an erster Stelle!!
Sobald sich ein Betrieb, der Unternehmer, Geschäftsführer oder ein Beauftragter mit der Thematik „Computer to Plate" intensiv beschäftigt und die Attraktivität dieser Systeme erkannt hat, sollte er sich in seinem Betrieb die folgenden Fragen stellen und sie wahrheitsgemäß für heute und die folgenden 3 Jahre versuchen zu beantworten:

Die richtige Wahl

1. Wie ist meine Auftragsstruktur heute ?
Dazu ist nicht nur wichtig, die zahlenmäßige Struktur der Aufträge zu erfassen, sondern auch deren Inhalte. Das heißt, es gilt aufzuschreiben ob es überwiegend Bücher sind, die gedruckt werden sollen oder Prospekte, Kataloge, Etiketten oder andere Druckerzeugnisse, und wie ist deren Verteilung zueinander? Wie ist die zu produzierende Qualität definiert. Wenn Tageszeitungen über Qualität reden, dann ist sicher etwas anderes gemeint, als wenn Kunstkalenderhersteller über Qualität diskutieren. Qualität eines Betriebes kann auch bedeuten, daß die Produktion immer wieder die gleiche hohe oder mittlere Druckqualität liefert und nicht stark so schwankt.

Grundsätzlich ist zu bedenken, daß je höher die Druckqualität sein muß, desto höher auch die Anforderung an das Vorstufensystem im „Computer to Plate"-Bereich sein werden.

2. Wieviel meiner Aufträge sind digital verfügbar?
Es ist durchaus an der Tagesordnung, daß einige Kunden Ihnen gerne Vorlagen in digitaler Form liefern möchten. Andere werden dies noch nicht tun können. In mehrstufigen Betrieben mag es so sein, daß ein guter Teil der Vorlagen, oder auch alle, im eigenen Haus erzeugt werden und hier vielleicht schon überwiegend oder auch ganz digital. Es wäre in diesem Zusammenhang auch abzuklären, welche der Kunden, die ihre Vorlagen heute liefern, könnten sich in naher Zukunft die digitale Anlieferung ihrer jetzigen Filmvorlagen vorstellen. Können sie unter Umständen bereits jetzt dazu bindende Zusagen geben. Ergänzt sei in diesem Zusammenhang, daß die Pionierunternehmen, die bei sich CtP eingerichtet haben viel schneller als erwartet ihre Systeme auslasten konnten und mit digitalen Dateien von Kunden regelrecht überschwemmt wurden. Eine schöne Bestätigung übrigens der Ronald Reaganschen Angebotstheorie. Die nächste Frage, die sich der Unternehmer zu stellen hat:

3. Welche Formate will ich digital belichten?

Es ist bereits festgestellt worden, daß die zu belichtenden Plattenformate den Preis und die Produktivität einer Anlage bestimmen. Je größer das zu belichtende Format ist, desto höher sind die Aufwendungen für die Investition und desto länger dauert der eigentliche Herstellprozeß. Es kann sich durchaus als sinnvoll erweisen, mit kleineren Formaten zu beginnen, um Erfahrung zu sammeln, die Lernkurve zu durchfahren und sich im Gebrauch von DTP in Schwarzweiß oder Farbe sowie der Ausgabe auf Platte zu üben. Es muß nicht immer gleich der gesamte Maschinenpark, der eventuell in einer Druckerei steht, abgedeckt werden.

Die nächste Frage, die zu beantworten ist, heißt:

4. Welches Proof-Verfahren kann oder muß ich einsetzen?

Es ist ja nicht nur so, daß der Betrieb wissen möchte, bevor er den Druck freigibt, was auf ihn zukommt, sondern vor allem, möchten die Auftraggeber, die Werbeagenturen oder andere wissen, wie das Druckprodukt vor Anlauf der Druckmaschine aussehen wird. Viele verlangen vor dem Druck eine Autorisierung, um sicherzugehen, daß das, was sie haben möchten, auch gedruckt wird. Das kann manchmal in erbitterte Diskussionen ausarten und viel Zeit und Geld kosten, bevor Einigkeit erzielt wird.

Bis heute sind nur relativ wenige digitale Proof-Verfahren verfügbar. Insbesondere im Bereich der Farb-Proofs ist das Angebot dünn. Allerdings lassen die Fortschritte bei der Entwicklung von Farbplottern, aber noch mehr bei der Erstellung von digitalen Farbprofilen für den Einsatz in digitalen Proof-Systemen hoffen, daß diese Lücke bald geschlossen sein wird. Die heute verfügbaren Proofsysteme bringen es inzwischen auf eine fast eben so gute Farbübereinstimmung wie analoge Proof-Systeme. Aber mit einem wichtigen Unterschied: Ihre Ergebnisse sind wegen der Digitalisierung wiederholbar. In späteren Kapiteln werden wir darauf noch einmal ausführlicher eingehen. Bei vielen Betrieben wird sich dann die Frage stellen:

5. Welches Know-how brauche ich, welches Know-how habe ich?

Nur wenige Betriebe werden in der Lage sein, das erforderliche Know-how in den eigenen Reihen zu entwickeln und für diese Zwecke einzusetzen. Umfassendes Know-how ist für die folgenden Themenkreise erforderlich:

- digitale Satzbearbeitung,

- digitale Bildbearbeitung,

- digitale Farbe,

- digitales Ausschießen nach hochkomplexen Regeln (z.B. Kommen und Gehen),

- digitales Proofing,

- Anpassung der Belichtung an Druckmaschinenkennlinien zur Steuerung der Tonwertzunahme,

- Anpassung der Vorlage bei der digitalen Belichtung bei besonderen Eigenschaften des gewählten Papiers, der gewählten Farbe, aber auch der gewählten Druckmaschine in bezug auf

- Unter- und Überfüllungen.

Diese Liste kann nur unvollständig sein, da jeder Betrieb darüber hinaus seine Eigenheiten hat und auch diese bei der Direktbelichtung auf Platte (aber auch schon bei der Belichtung auf Film) beurteilt und bewertet haben muß.

Wenn also definiert ist, welches Know-how im Betrieb gebraucht wird, und wenn dieses Know-how nicht unmittelbar im Betrieb zur Verfügung steht, lautet die letzte Frage in diesem Zusammenhang:

6. Wie komme ich, wie kommt der Betrieb an dieses Know-how?

Anfangs können sicherlich Berater, sei es aus Anbieterfirmen, seien es neutrale Berater oder Berater aus Verbänden, die wichtigsten Themen abdecken und Einführungen dazu geben. Sobald man jedoch in der investiven Phase ist, muß dafür gesorgt werden, daß die eigenen Mitarbeiter dieses Know-how erhalten, oder durch Neueinstellungen dieses Know-how in den Betrieb kommt. Einiges davon ist nicht permanent vonnöten, sondern kann vorübergehend dem Betrieb zuwachsen, anderes wird zwingend ständig notwendig sein und sich im Laufe der Beschäftigung mit diesem Thema ständig erweitern.

Hat man nun die oben genannte Frageliste ausführlich beantwortet, so läßt sich doch recht schnell eine übersichtliche Rangfolge von Betrieben aufstellen, die für die Einführung von „Computer to Plate" heute schon eher geeignet sind als andere. Tabelle 11 kennzeichnet, nach ausschließlicher Meinung des Autors selbstverständlich,

mit einem Minuszeichen (-)
Betriebe, deren Anforderungsprofil hoch ist oder deren Investitions- und Kenntnisstand sehr gering ist. Sie müssen deshalb einen weiteren Weg zurücklegen. Mit

einem Pluszeichen (+)
oder mehreren Betriebe, deren Anforderungsprofil nicht so hoch ist, deren Vorlauf schon weiter fortgeschritten ist und die deshalb einen kürzeren Weg zurücklegen müssen, um die Vorteile von „Computer to Plate" zu nutzen.

Als gemeinsamer Nenner ist zu erkennen, daß alle Betriebe mit geringeren Anforderungen an Auflösung und Druckqualität und dem Vorhandensein von digitalem Satz und Repro-Erfahrungen (möglichst im Bereich des Desktop-Publishing) schon heute in der Lage sein sollten, sich dem Thema „Computer to Plate" vorrangig zuzuwenden.

Die richtige Wahl

Je höher die Qualitätsansprüche an das Druckerzeugnis sind, je vielfältiger die Anforderungen im Vierfarbbereich sind, je größer die zu belichtenden Formate werden, desto schwieriger wird die schnelle Abdeckung dieser Anforderungen durch CTP-Systeme, aber auch durch die Mitarbeiter für den einzelnen Betrieb. Es dürfte kaum eine Installation geben, die mit hohen Anforderungen an Auflösung und Qualität in CTP investiert und – sozusagen aus dem Stand heraus produktiv und sicher arbeitet und dabei ihr Geld verdient.

Betriebsart	CTP möglich
• Einstufige Betriebe Akzidenzen	-
• Einstufige Betriebe Werkdruck	+
• Mehrstufige Betriebe Akzidenzen	
mit Satz	+
mit Satz und Repro	++
mit DTP Satz- und Repro	+++
• Zeitungen	
mit Satz und Repro	++
mit DTP Satz- und Repro	+++
• Zeitschriften	
mit Satz und Repro	+
mit DTP Satz- und Repro	+++
• Formularhersteller	+++
• Verpackungsdrucker	+++

Tabelle 11:
Einstiegsmöglichkeiten in die CTP Technologie in Abhängigkeit von der Betriebsart

Das Vorstufen-Dilemma

Analog (konventionell) oder digital ? Ist das die Frage?

Es werden nunmehr eine Reihe von Lesern enttäuscht von ihrer Hausarbeit aufschauen und feststellen, daß sie nun einerseits einiges an digitalen Arbeiten durch den Betrieb schleusen könnten, andererseits die Anforderungen, sei es vom Volumen, sei es von der Qualität her, nicht erfüllt werden können, um volldigital auf die Platte zu belichten. Wir alle aber wissen, daß der Zug der Zeit in Richtung weiterer Produktivitätssteigerung geht. Nicht nur in der Vorstufe,

Die richtige Wahl

sondern auch im Drucksaal. Deswegen muß jeder Betrieb - und die Betonung liegt hierbei auf „jeder"- sich in die Situation bringen, digitale Vorlagen zu bearbeiten und diese möglichst ohne weitere Zwischenschritte auf die Druckplatte zu übertragen.

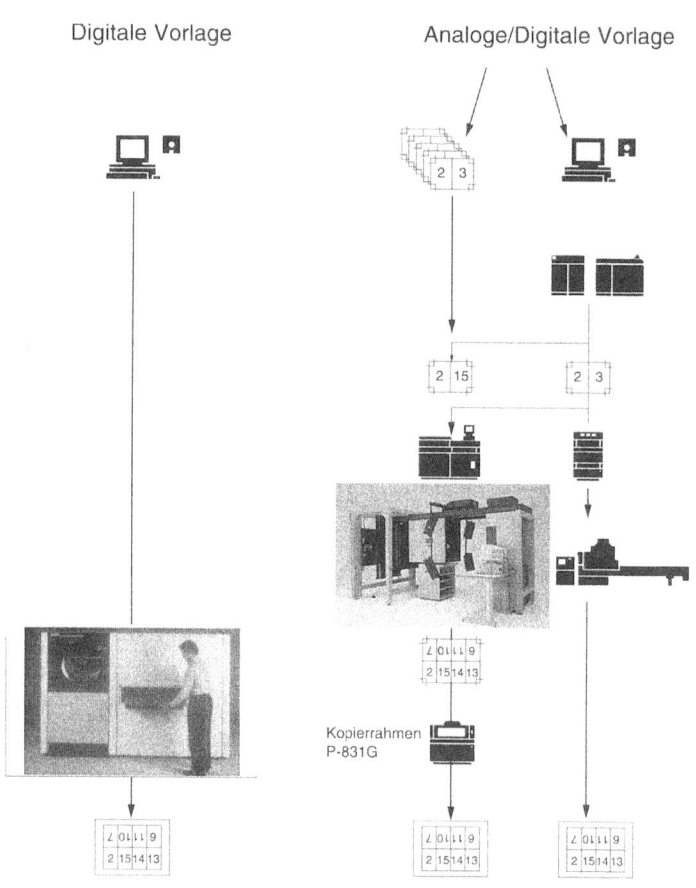

Bild 38:
Das Vorstufen-(Prepress-) Dilemma und seine Lösung

Hybride Systeme: Ist das die Lösung ?

In diesen Fällen ist es sehr nützlich – von der Investitionshöhe her überschaubar, aber auch vom einzusetzenden Know-how schneller erlernbar – wenn erst der Zwischenschritt „Computer to Film" anstelle von „Computer to Plate" gegangen wird. Dabei kommt es nicht immer darauf an, gleich das volle Plattenformat zu belichten. Es können sehr wohl als Film A3- oder A2-Formate anstelle von A1- oder A0 -Formaten belichtet werden.

Die richtige Wahl

Die gesamte Problematik der digitalen Satz- und Bildaufbereitung, die Übermittlung von Daten durch Leitungen, die Zwischenspeicherung von Daten und das Aufrippen von Postscript-Dateien sind identisch mit den Anforderungen, die „Computer to Plate" heute an diesen Betrieb stellen würde. Nur mit dem wesentlichen Unterschied, daß die erzeugten Filme in ihrer Größe überschaubar sind, desgleichen die Investionshöhe geringer ausfällt und die Anforderungen an die Mitarbeiter mit den Aufgaben steigen können.

Neue Themen wie:

- digitales Ausschießen,

- digitales Überfüllen/Unterfüllen und

- Last-Minute-Korrekturen

können auch hier produktiv bearbeitet werden, ohne daß man gleich die volle Investition fährt. Die so hergestellten Filmvorlagen lassen sich sehr gut konventionell weiterverarbeiten und mittels manueller oder automatischer Montagehilfen zum gewünschten Bogen, zur gewünschten Form zusammenstellen. Bild 37, überschrieben mit „das Prepress-Dilemma" zeigt ein Modell einer hybriden Vorstufe und damit den Ausweg aus dem Vorstufen-Dilemma, in das viele Betriebe kommen können.

Haben der Unternehmer oder sein Beauftragter die in den vorherigen Abschnitten beschriebenen Fragen noch einmal für sich aufgestellt und dediziert behandelt, so lassen sich hierzu sehr schnell Verfahren definieren, unter Verwendung von digital und analog erstellten Vorlagen (unabhängig davon, ob es Filme oder Papiervorlagen sind), die mit Hilfe von Montagehilfseinrichtungen schnell zu einem Standbogen zusammengesetzt werden können.

Diese hybride Weiterverarbeitung fragt nicht danach, aus welcher Quelle die Vorlage gekommen ist, ob sie digital erzeugt wurde über Image-Setter, kleinerer oder größerer Bauform, oder von analoger Kameratechnik herrührt. Optimal kann eine derartige Weiterverarbeitung beispiels-

Die richtige Wahl

weise über Projektionssysteme, wie den Opti-Copy Imposer laufen (ein Angebot der POLYCHROME GmbH), oder über bereits installierte Kopiermaschinen, wie sie in vielen Betrieben heute eingesetzt werden. Die Vormontage kann mit Hilfe von Stanz- und Registersystemen mit Videopasser-Technik erstellt werden oder von Hand.

Die so erstellten Originale können über Kontaktkopierrahmen oder Kopiermaschinen ganz konventionell in belichtete Platten umgesetzt werden und dienen als Druckvorlage.

Wichtig erscheint uns, daß bei diesem hybriden Verfahren 2/3 der Technologie eingesetzt werden, die man auch für das System „Computer to Plate" benötigen wird.

Dies fängt an mit der digitalen Seitenmontage, mit der Zusammenstellung der Seiten zum digitalen Ausschießer und der Ausgabe von Proofs in Schwarzweiß oder farbiger Form. Schon der Proof verlangt eine ausführliche Beschäftigung mit dem Thema RIP und der Notwendigkeit, die digitalen Daten vor dem Rippen oder nach dem RIP zwischenzuspeichern. Sobald jedoch der Proof freigegeben ist, liegt als perfekter und preiswerter Endspeicher ein Film oder ein Papier vor, das in üblicher Form weiterverarbeitet wird und beliebig oft kopiert werden kann.

Eine derartige Vorgehensweise ist insbesondere den Betrieben anzuempfehlen, die sich mit hoher Qualität bei Vierfarbvorlagen beschäftigen müssen, bzw. die Werkdruck in sehr großen Formaten erstellen wollen. Sind die Qualitätsansprüche niedriger, z.B. bei Zeitungen auch im Vierfarbbereich, oder Formularherstellern oder Etikettendruckern, so wird eine andere Systemzusammenstellung denkbar, nämlich die Zweigleisigkeit., mit rein digitaler Erzeugung der kleineren Plattenformate im „Computer to Plate"-Verfahren und der analogen Herstellung von digitalen Filmvorlagen auf hybride Weise und deren Weiterverarbeitung.

Inzwischen bieten einige Hersteller auch Zwitterlösungen auf der Basis von Kopiermaschinen an, bei denen der Kopierkopf parallel oder nacheinander um einen Laserschreibkopf ergänzt werden kann. So sehr solche Lösungen dem berechtigten Wunsch der Drucker entgegen-

Die richtige Wahl

zukommen scheinen, sowohl analog – wie bisher – aber auch nach Bedarf digital arbeiten zu können, so sehr erscheinen derartige Konstruktionen dem Autor als Irrwege. Der Grund zu dieser Annahme liegt weniger in den Konstruktionen selbst als in der betrieblichen Wirklichkeit die von hohem Durchsatz bei engen Zeitvorgaben geprägt ist. Es ist dem Autor bis heute kein vernünftiges Planungs- und Steuerungssysstem bekannt geworden, das es gestattet, analoge und digitale Vorlagen gleich gut zu bewältigen. Ein Chaos im Ablauf ist vorauszusehen, mit der Konsequenz, daß ein Teil dieser Zwitteranlagen stillgelegt werden wird. Dafür sind sie dann aber zu teuer.

Es müssen nicht sofort und nicht ausschließlich CTP-Lösungen angestrebt werden, um als Betrieb modern zu sein, um fortschrittlich und kostengünstig zu arbeiten. Oft tut es auch schon gut, die bisher beschrittenen Wege in Frage zu stellen. Auch dort zu modernisieren, wo man bisher nicht so recht den Mut oder die Zuversicht hatte, etwas Neues zu wagen. Projektionssysteme gehören sicherlich – zumindest in Mitteleuropa – zu den produktivsten und sichersten Investitionen in die Vorstufe. Sie werden bis heute in ihrer Qualität und Produktivität unterschätzt. Oft sehr zum Schaden für viele Betriebe, die an dieser Stelle den Begriff „unternehmen" mit „unterlassen" gleichgestellt haben.

Kapitel 6

Die anderen Systemkomponenten für „Computer to Plate, ...Press, ...Film"

Nachdem wir im Kapitel 3 ausführlich die Belichter und Plattensysteme besprochen haben, wollen wir uns nun den weiteren Komponenten des vereinfachten CTP-Systems zuwenden.

Das System enthält zusätzlich zu Belichter (1) und Platten-Prozessor (2) die folgenden Hauptkomponenten:

1. Einen oder mehrere RIP (3) und Zwischenspeicher

2. Ein schnelles Netz mit Hochleistungsserver zur Komponentenverbindung

3. Einen Proofplotter in s/w (5) oder Farbe (7) und einen Zusatz-RIP

4. Diverse Workstations (6) zur Vorverarbeitung

4.1 PostScript-Prüf- und Bearbeitungsstation wie z.B. ePScript® von OneVision GmbH Regensburg

4.2 Litho Scanner (8) zur Redigitalisierung von Lithofilmen wie. z.B Escoscan® 2540 von Chromos

4.3 Ausschießprogramm wie z.B. Presswise® oder Impostrip®

Andere Systemkomponenten

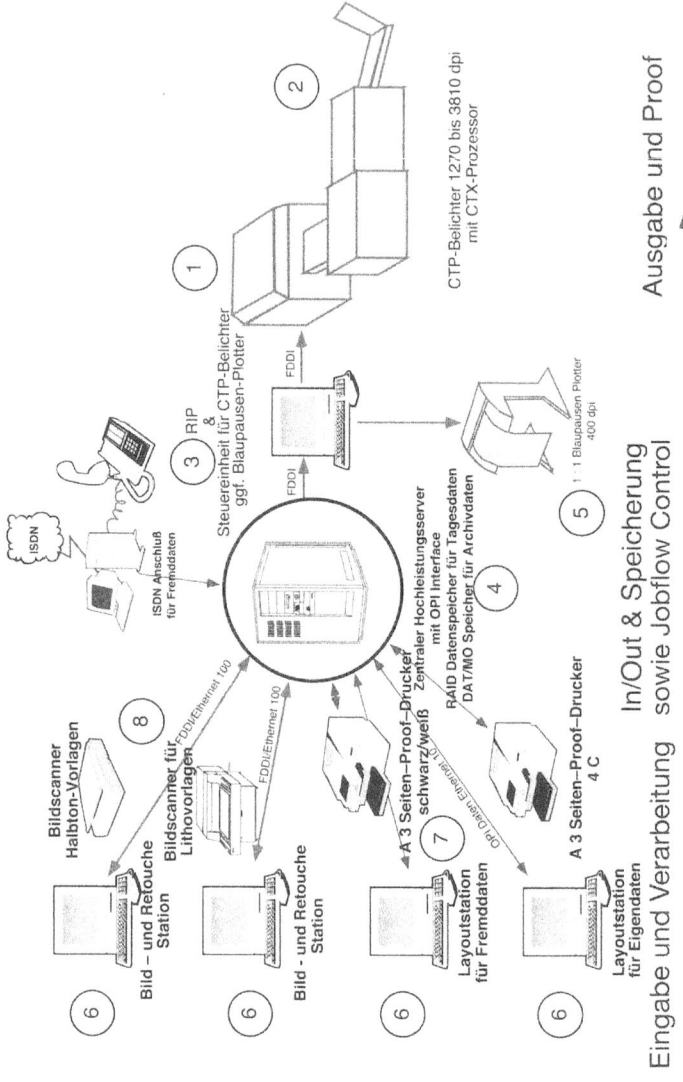

Bild 39:
Vereinfachtes CTP-System und seine Komponenten

4.4 Trappingprogramm wie z.B. Trappwise®

4.5 Bildbearbeitungsprogramm wie z.B. Photoshop®

4.6 Layout/Satzprogramm wie z.B. PageMaker® oder QuarkXPress®

4.7 Textprogramm wie z.B. Word® oder RagTime®

4.8 Prüfprogramm wie z.B. Checklist®

4.9 Kalibierungsprogramm mit passender Hardware

4.10 Div. Schriften und Hilfsprogramme

6.1 RIP, Zwischenspeicher, Steuerrechner

6.1 Der RIP, die Zwischenspeicher und Steuerrechner

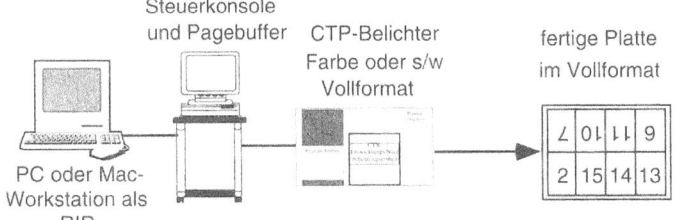

Bild 40:
RIP, Zwischenspeicher und Steuerrechner

Der Belichter wird immer über einen Steuerrechner gesteuert. Dieser verfügt meistens auch über die zur Zwischenspeicherung erforderlichen Festplattenkapazitäten. Er enthält vielfach auch den RIP. Heute legt man die RIPs nur noch als Software-RIPs aus, um jeweils die schnellsten Rechner für diese Zwecke einsetzen zu können. Wie z.B. die DEC-ALPHA-Rechner, die als Einzel- oder Doppelprozessorsysteme mit schneller Taktfrequenz (275 MHz) Verwendung

Andere System-komponenten

finden. Der Einsatz von Software-RIPs schließt nicht aus, daß zu manchem RIP spezielle Hardwarekomponenten angeboten werden, die bestimmte Bildinhalte (meistens Halbtonbilder) beim Aufrippen stark beschleunigen. Typische Vertreter dieses Typs sind z.B die Monotype RIP Express Systeme. Das sind sehr schnelle RIPs. Sie basieren auf Adobe-Software-Lösungen, angepaßt an grafische Problemstellungen. Zur Beschleunigung der Bildbearbeitung können sie bei Bedarf um spezielle Rechner, sogenannte „Pixelburst-Computer", aufgerüstet werden. Die Software läuft auf Workstations von SUN® Microsystems unter dem Betriebssystem UNIX®. Angebote ähnlicher Art kommen u.a. von Harlequine, ein RIP-Anbieter aus Großbritannien, oder von anderen Herstellern aus der grafischen Zulieferindustrie, wie z.B. Linotype-Hell oder Purup.

Wichtig bei der Auslegung der einzelnen Systemkomponenten ist aber nicht nur die einzusetzende Hardware und ihre Vernetzung, sondern ebenso wichtig sind der erforderliche Arbeitsfluß und die Durchflußrate, die erreicht werden muß. Das gilt insbesondere für die Auslegung des RIP und seine Einbindung ins System. Hier kann ungewollt ein Flaschenhals entstehen mit entsprechender Warte- oder Leerlaufzeit für den nachgeschalteten Belichter. Es wurde an anderer Stelle über diese Thematik ausführlich berichtet. Hier sei nur soviel gesagt, daß gerade an dieser Stelle die alte Erfahrung gilt:

Die schnellste Lösung ist gerade gut genug !

Das liegt daran, daß die Bildinhalte, nicht die Textmenge, das Tempo des Rippens bestimmen. Auf die Bildinhalte selber hat kein Drucker oder DTP-Leiter Einfluß, sie sind vorgegeben. Bestimmen kann man aber die Größe und Geschwindigkeit der Hardware sowie die Raffinesse der einzusetzenden Software. Da wir uns beim CTP – abgesehen von Zeitungen – immer mit ausgeschossenen Druckformen beschäftigen, haben wir auch Dateien zwischen 20 MB und 250 MB zu rippen. Das sind schon große Portionen, die je nach gewähltem Endformat und Auflösung, auch bei sehr

6.1 RIP, Zwischenspeicher, Steuerrechner

schnellen RIPs Rechenzeiten bis zu 20 und mehr (!) Minuten in Anspruch nehmen können. Und das pro Farbe!

Die aufgerippten Dateien, also das Punktemuster, das der Laser des Belichters zu schreiben hat, umfassen dann Dateigrößen – je nach erforderlicher Auflösung – zwischen 200 und 800 MB. Da diese Daten nicht im Hauptspeicher des Computers bleiben, sondern entweder direkt in den Belichter fließen oder vorher zwischengespeichert werden müssen, stellt die Übertragung dieser Datenmengen jede Leitungsverbindung – auch die schnellste – vor einige Probleme. Verringern kann man das Datenvolumen durch eine mögliche Komprimierung. Man hat dann weniger Volumen und benötigt auch weniger Speicherplatz und weniger Transferzeit. Die Komprimierung selbst und die anschließende Dekomprimierung verbrauchen aber auch z.T erhebliche Rechen- und Speicherzeiten, die häufig den angestrebten Zeitgewinn wieder auffressen. Je nach Position der einzelnen Aufgaben im Netz muß die Frage „Komprimieren oder nicht?", optimiert werden.

Eine mögliche Lösung zur Vermeidung langer Wartezeiten am Belichter ist die Verwendung von mehreren RIPs pro Belichter. Das kann dort sehr sinnvoll sein, wo ständig Vierfarbsätze mit vielen Bildern bearbeitet werden müssen. Ein gutes RIP-Konzept sollte diese Möglichkeit bieten.

Die Zwischenspeicherung

Wir haben inzwischen gelernt, daß die Dateien, die eine Ganzseite darstellen und Texte, Bilder oder Grafiken enthalten, zu immer größeren Datenmengen neigen. Je mehr Inhalt eine derartige Seite hat und je höher aufgelöst diese Dateien abgebildet werden sollen, desto größer ist ihr Speicherappetit. Das führt zu der Notwendigkeit, die Zwischenspeicherung gezielt zu planen, um sicherzustellen, daß der Produktionsprozeß wirklich fließt und nicht mangels Speicherplatz vorzeitig zu einem Ende kommt. Es empfiehlt sich daher, mit einigen Daumenwerten zu rechnen, die wir bei der Ausstattung der Workstations bereits versucht haben zu entwickeln.

Andere System-komponenten

Lassen Sie uns wiederholen: Eine bildverarbeitende Workstation sollte neben einem extrem schnellen Prozessor,

- möglichst in einer RISC-Konfiguration und einer
- schnellen Taktung von > 100 MHz oder schneller,
- über eine RAM-Speicherausstattung von mindestens 128 MB,
- vielleicht 256 MB verfügen. Ferner über
- eine große Festplatte in direktem Zugriff (SCSI 2, Wide/Fast SCSI),

auf der das Betriebssystem, die wichtigsten Arbeitsdateien sowie die notwendigen Anwendungsprogramme gespeichert sind. Sie sollte

- nicht unter 1,0 GB Speicherkapazität haben und
- eine mittlere Zugriffszeit von 9–15 ms zulassen.

PostScript-Dateien, obwohl kleiner als aufgerippte Dateien, müssen häufig zwischengespeichert werden. Bei einer mehrseitigen Publikation kommen schnell 80 bis zu 1000 MB zusammen. Diese können für den Lauf einer oder zweier Arbeitstage bequem auf einer genügend großen, internen Festplatte abgelegt werden. Sobald sie zu einer ausgeschossenen Form zusammengestellt werden, müssen größere Festplatten her, um nicht nur den Arbeitsinhalt einer Schicht zwischenzuspeichern, sondern unter Umständen zwei und mehr Schichten im Zugriff zu halten.

Häufig ist es erforderlich, diese Daten zwischen Auftraggeber und auftragsausführender Stelle im Betrieb hin und her zu transportieren. Dazu eignen sich einerseits Wechselplatten, deren kleinste heute 44 MB faßt und deren größte etwa 1000 MB Datenmenge (z.B. JAZ von IOMEGA)

6.1 RIP, Zwischenspeicher, Steuerrechner

zuläßt. Es empfiehlt sich aber darüber hinaus, komplette Plattenlaufwerke als Satelliten zu wechseln. Diese lassen ohne weiteres 1000 MB und mehr zu. Zu empfehlen sind dafür u.a. Incremeg® Laufwerke von MountainGate®. Sie sind bis zu Größen von 1,2 GB/Modul lieferbar. Das reicht dann schon für größere Dateien.

Kommen wir zur Auslegung der zentralen Recheneinheiten oder auch der Server sowie der RIPs, dann wird sehr schnell ein 500 MB-Laufwerk zur Speicherung ausgeschossener Bögen – in aufgerippten Zustand – zu klein.

Berechnen wir den Pixelinhalt eines Bogens von 700 x 1.000 mm, bei einer Auflösung von 2.540 dpi oder 100 P/mm, dann haben wir eine Dateigröße pro Farbe von beachtlichen 875 MB. Hier empfiehlt es sich, Plattenarrays vorzusehen mit mindestens 10 besser 20 Gigabyte Größe. Bei hochwertigen Farbarbeiten sollten diese Arrays sogar 40 oder 60 Gigabyte Speicherinhalt haben. Arrays dieses Umfangs kosten heute z.B. bei Mountaingate oder SUN Micro Systems ca. 60.000 bis 90.000 DM. Bei wichtigen Daten können die Laufwerke ausfallsicher aufgebaut werden.

Es versteht sich von selbst, daß diese Datenmengen, auch über schnellste Leitungen, erhebliche Durchlaufzeiten erfordern. Darüber wurde schon berichtet.

Es muß gleichzeitig beachtet werden, daß auch die Datensicherheit eine wesentliche Rolle spielt. Bestimmte Dateien müssen vielleicht doppelt gesichert werden, um beim Ausfall eines Aggregates nicht ganz verloren zu gehen. Für die Archiv-Datensicherung empfehlen sich DAT (Digital Audio Tape). Das sind Bänder mit bis zu 8 GB Speichervolumen, jedoch längeren Zugriffszeiten. Der Nutzen liegt in den deutlich niedrigeren Speicherkosten gegenüber den schnellen Festplattenspeichern. Die Thematik kann hier nur angerissen werden. In jedem Einzelfalle sollte man sich gründliche Gedanken machen und sich von sachkundigen externen oder internen Mitarbeitern beraten lassen.

Andere System-komponenten

6.2 Netz und Server

Beim professionellen Einsatz von CTP sollten auch bei kleinen Datenmengen und Anfangsinstallationen von Beginn an schnelle Netze mit einem oder mehreren zentralen Servern aufgebaut werden. Das Netz stellt die elektrische vor allem aber die Datenverbindung zwischen den einzelnen Komponenten und dem Server her. Es ist selber ein komplexes, technologisch anspruchsvolles Gebilde und muß bei der Systemauswahl ebenso sorgfältig bedacht werden. Dabei spielt sowohl die Art der Verknüpfung, also die Topologie des Netzes, eine Rolle als auch die physikalische Ausführung. Die Topologie wird sehr stark von der räumlichen Struktur des jeweiligen Betriebes und von seiner Größe beeinflußt. Stern-, Ring- oder Mischformen daraus sind hier zu finden.

Tabelle 12:
Nennübertragungsraten digitaler Netze

Name	Kabelart	Nennübertragungsrate	
		in Baud	in bit/s
ISDN	twisted pair, Telephon	64 kBd	64 kb/s
Appletalk	twisted pair, Telephon	256 kBd	256 kb/s
Ethernet	Koaxialkabel	10 MBd	10 Mb/s
Breitband	Glasfiberkabel	2 GBd	2 Gb/s

Sie sollen jetzt nicht Gegenstand näherer Überlegungen sein. Wir wollen uns mehr auf die physikalische Auswahl konzentrieren. Je nach Anforderung gibt es Netzverbindungen über einfache Telephonleitungen (2 verdrillte Adern pro Leitung, auch twisted-pair-Kabel genannt), koaxiale Leiter und Glasfiberverbindungen für höchste Ansprüche.

Je schneller eine Netzverbindung sein soll, desto teurer ist sie auch. Da wir uns aber im wesentlichen mit sogenannten LANs (Local Area Networks) beschäftigen, liegen die einzuplanenden Längen im Bereich einiger Meter bis maximal einiger 100 Meter. Damit spielen die Kabel-Kosten an dieser Stelle nicht die große Rolle, wie bei der restlichen Ausrüstung.

Trotz hoher Nennleistungen der einzelnen Übertragungsmethoden kommt es in der Praxis oft zu großen Überraschungen. Die oben abgebildete Tabelle zeigt die Nennübertragungsraten verschiedener kommerziell einsetzbarer Netze.

Nun wäre es wunderschön, wenn diese Nennübertragungsrate im Normalfall auch erreicht wird. Das ist aber leider nicht der Fall. Tatsache ist, daß alle Arten von Übertragungssystemen einen großen Teil von Verwaltungsaufwand – der sich als Zeitverlust äußert – benötigen. Am geringsten ist dieser Effekt noch bei ISDN. Die anderen Netze müssen recht kompliziert sicherstellen, daß die abgesandte Nachricht in jedem Fall beim gewünschten Empfänger landet. Das hat zur Folge, daß die reale Übertragungsrate bei etwa 1/10 bestenfalls bei 1/5 der Nennübertragungsrate liegt. Was das bei den uns interessierenden Datenmengen bedeutet, läßt sich leicht an einem Beispiel klarmachen.

Nehmen wir an, wir wollen eine PostScript-Datei von 50 MB (50 Megabyte sind immerhin 50 x 8 = 400 Megabit) vom Ausschießrechner auf den RIP übertragen und verwenden dazu Appletalk. Die Zeit, die Appletalk real dazu benötigt, dürfte zwischen 7.350 und 15.625 Sekunden liegen, bei der (nicht erreichbaren) Nennübertragungsrate immerhin auch noch 1.562 Sekunden. Wenn wir dann noch schnell ausrechnen, daß auf eine Stunde (nur) 3.600 Sekunden gehen, dann zeigt sich überdeutlich, daß dieses weitverbreitete Netzprotokoll für diese Zwecke völlig ungeeignet ist. Warte-

Datentyp	Datenmenge	2 Gigabit-Breitband Nennwert	2 Gigabit-Breitband real	10 Megabit-Ethernet Nennwert	10 Megabit-Ethernet real
1 Seite Magazin	150 kB	< 1 s	< 1 s	< 1 s	1 s
Ganzseitenfarbbild	25 MB	< 1 s	10 s	21 s	210 s
1 Bogen schwarz	50 MB	< 1 s	20 s	42 s	419 s
1 Ausgabe Magazin	400 MB	2 s	165 s	335 s	3.355 s
				Quelle: MacUp 12/93	

Tabelle 13:
Gemessene Übertragungsraten digitaler Netze

Andere Systemkomponenten

zeiten von 2 bis 4 Stunden für nur eine Datei sind völlig untragbar.

Selbst beim Einsatz des sehr schnellen Ethernet, z.B. als Ethertalk ausgeführt, vergehen bei dieser Datei real immer noch ca. 250 bis 450 Sekunden. Die Nominalzeit (die aber aus o.a. Gründen nicht erreicht werden kann) errechnet sich zu nur 42 Sekunden.

Die Tabelle 13 zeigt praktisch gemessene Zeiten für verschiedene Übertragungsprozeduren. Sie müssen bei der Systemauslegung berücksichtigt werden. Diese auf Erfahrungswerten beruhenden Zeitangaben gelten für die Übertragung der vollständigen Information von einer Quelle zum Empfänger.

Mit Hilfe der Netzwerkauslegung und durch die gewählte Prozedur versucht man daher diese Totalübertragung so selten wie nur möglich vorzunehmen. Man hat deshalb ganz trickreiche Verfahren eingeführt, um nur die Daten durchs Netz zu senden, die für die jeweilige Arbeit unbedingt erforderlich sind.

Zum Beispiel ist es bei der Retouche von Bilddaten selten notwendig, das ganze Bild über das Netz zu schicken. Der Bildschirm löst ja doch nur einen Bruchteil davon auf. Aber dieses Teilstück reicht aus, um sämtliche Retouchearbeiten durchzuführen. Mit dem OPI (Open Prepress Interface) und z.B. der Netzwerkverwaltungssoftware Helios oder Adobe Color Central werden von einer 40 MB(TIFF) Datei nur 500 kB aussortiert und diese über das Netzwerk zur Bearbeitung geschickt. Dann braucht man wirklich nicht lange warten, bis man das Bild zur Bearbeitung auf dem Schirm hat. Inzwischen geht das auch bei Ganzseitenbögen, die ganz zum Schluß gerippt werden müssen. Es wird dann nur noch die Seitenstruktur in den Ausschießrechner übertragen, der komplexe und hochaufgelöste Seiteninhalt verbleibt bis zum Rippen im Server. Aus diesem Grunde wird man bei der Auslegung des Systems auch die Möglichkeiten der Datenkompression ins Kalkül mit einbeziehen. Wir werden etwas später dazu Stellung nehmen.

6.2 Netz, Server

Der Server

Der Server ist die zentrale Schaltstelle des Netzes. Der dort eingesetzte Rechner muß selber nicht viel rechnen, aber dafür sorgen, daß die ankommenden und abgehenden Informationen schnellstmöglich durchgeschaltet oder für spätere Bearbeitung bereitgehalten werden. Er ist also mehr mit einer fleißigen Telefonzentrale zu vergleichen als mit großen Briefkästen für möglichst große Datenmengen. Als Rechner sind im Einsatz hochgetaktete DEC-ALPHA Einzel- oder Doppelprozessoren unter dem Betriebssystem Windows NT, oder ihre Gegenstücke von Sun Micro Systems mit den UltraSparc RISC Prozessoren, unter UNIX laufend, bzw. ihre Pendants von Apple, ebenfalls unter dem Betriebssystem UNIX (IBM UNIX AIX). UNIX und Windows NT erlauben mit ihrer sogenannten Multtasking-Fähigkeit das gleichzeitige Abarbeiten mehrerer Anforderungen (Tasks) und sorgen damit für einen schnellen Durchsatz. Neben der Um- und Durchschaltung muß der Server auch alle Feindaten der Jobs speichern. Wir wollen ja möglichst nur einmal die Netze mit dem Übertragen der Feindaten belasten und danach nur noch mit Grobdaten arbeiten. Aus diesem Grunde ist die Speicherauslegung des Servers ebenfalls von großer Bedeutung.

Speicher mit 20 oder 60 Gigabyte sind durchaus vernünftig. Hinzu kommt, daß in diesen Speichern wertvolle Daten gespeichert werden, gegen deren Verlust man sich unbedingt schützen sollte. Ein Verlust wie er leicht durch Stromausfall oder auch eine fehlerhafte Harddisk entstehen kann. Ein Verlust von Daten kann sehr teuer werden, vom Ärger und Zeitverlust ganz zu schweigen. Deshalb wurde ein Verfahren entwickelt, um auch im PC-Bereich sensible Daten unkompliziert zu sichern. Das Verfahren nennt sich RAID (Redundant Array of Inexpensive Disks) und beschreibt eine Methode, um aus mehreren preiswerten Harddisks herkömmlicher Bauart, einen großen Plattenspeicher zu bauen, der ausfallsicher arbeitet. Es gibt verschiedene Sicherheitsstufen, hier Level genannt. Von RAID Level 0 bis RAID Level 5. Beim RAID Level 0 handelt es sich

Andere System-komponenten

um Soft- und Hardware, die eine Anzahl kleinerer Festplatten gegenüber dem Server wie eine einzige große Festplatte erscheinen läßt. Bildlich gesprochen macht sie aus vielen kleinen Eimern einen großen Eimer. Von Sicherheit ist da noch nicht viel zu sehen. RAID Level 1 bis 5 beschreibt nun Methoden, mit denen die Daten redundant und in gewünschter Sicherheitsstufe gespeichert werden. Von einfacher Spiegelung einer Festplatte bis hin zur Überkreuzsicherung und Hardwareabtrennung beim Ausfall einer oder mehrerer Komponenten.

Da es sich hier außerdem um schnelle Ein- und Auslagerung großer Datenmengen handelt, muß auch der Verbindung zwischen Speicher und Server genügend Aufmerksamkeit gewidmet werden. Seit einiger Zeit stellt die Industrie das SCSI (Small Computer Systems Interface, gesprochen Scuzzy) bereit. Diese parallele Verbindung überträgt 8 bit also 1 Byte gleichzeitig, mit einer Taktrate von 5 MHz. Damit ist also eine max. Übertragungsgeschwindigkeit von ca. 4 MB/s möglich. Für heutige Serveranbindungen gibt es verbesserte SCSI-Verbindungen, die unter FastSCSI (Erhöhung der Taktfrequenz auf 10 MHz) oder WideSCSI (Verdopplung der Datenbreite auf 16 bit gleichzeitig) laufen. Zunehmend häufiger wird eine Kombination von Wide- und FastSCSI eingesetzt. Damit ist immerhin eine Übertragungsrate von 16 MB/s möglich.

Netzwerkverbindungen, auch wenn es sich um FDDI (Glasfaserleitung mit 100 MHz Taktfrequenz) oder Ethernet 100 (Koaxleitung mit 100 MHz Taktfrequenz) handelt, sind fast immer langsamer als SCSI-Verbindungen, aber häufig die einzige Alternative, um mehrere Meter Distanz zu überbrücken.

Als Regel kann man festhalten, daß alle Feindatenverbindungen – also vom Scanner oder Laufwerk in den Server hinein und vom Server hin zum Belichter oder Proof-System – schnelle Netzverbindungen sein sollen. Arbeitsstationen können je nach Aufgabe langsamere und auch billigere Verbindungen bekommen. Eine Mischung zweier Netzgeschwindigkeiten ist möglich.

6.2 Netz, Server

Die Datenkompression

Die geschickte Verwendung von Datenkompressionsmethoden an richtiger Stelle kann endlose Wartezeiten deutlich verringern helfen. Es ist sinnvoll, sich die Möglichkeiten der Datenkompression einmal vor Augen zu führen, um ihren Einsatz im Betrieb auch richtig abschätzen zu können.

Man unterscheidet die verlustfreie Datenkompression und die verlustbehaftete Kompression. Programme, Texte etc. sollten immer verlustfrei übertragen werden, deswegen kommen da nur die verlustfreien Methoden in Betracht.

Verlustfreie Kompression

Jedes Modem, jedes Faxgerät beherrscht heute standardisierte Kompressionsmethoden wie MNP5 oder V42bis. Verwendet werden dazu spezielle Rechenvorschriften (Algorithmen), die meistens die nach ihren Erfindern benannt sind. Am verbreitetsten ist der Lempel-Ziff-Algorithmus.

Der Algorithmus veranlaßt das Kompressionsprogramm, die zu komprimierende Datei daraufhin zu untersuchen, ob irgendwelche Informationen, die zusammengehören, mehrfach auftauchen. Zum Beispiel wenn auf eine Textzeile eine Leerzeile folgt, wie bei allen Texten, dann erkennt das Programm diese Folge von weißen Punkten und macht daraus eine Anweisung „Zeilenweiterschaltung CR". Ein Befehl von schlimmstenfalls 16 bit Länge, statt diverser Kilobit für die sonst fällige Meldung: Punkt x1,y1 ist weiß, Punkt x1,y2 ist weiß etc., bis erneut eine schwarze Textzeile auftaucht.

Alle verlustfreien Kompressionsprogramme arbeiten nach dieser Methodik, mitunter auch nach anderen Algorithmen. Sie sind relativ schnell und erreichen einen durchschnittlichen Kompressionsfaktor von 200 bis 500%.

Zeitbestimmend sind bei dieser Kompression die Zugriffe auf die Festplatte, die mit max. 5 MB bis 8 MB pro Sekunde erfolgen. Die eigentliche Rechenzeit im Rechner ist wesentlich kürzer.

Andere System-komponenten

Verlustbehaftete Kompression
Farbbilder oder generell Halbtonbilder entziehen sich der oben genannten Art der Kompression weitestgehend. Die ereichbaren verlustfreien Kompressionsfaktoren liegen oft nur bei ca. 15% bis 20%. Das ist auch verständlich, wenn man sich einige Bildinhalte unter diesem Aspekt einmal ansieht. Leicht komprimieren ließe sich ein Foto von einer Schneelandschaft im Tal: wenig Bildwechsel, kaum Kontraste. Ein Bildpunkt sieht genauso aus wie der Nachbar. Ganz anders dagegen ein Bild von einer Buche im Sommer vor dem Dorfbrunnen. Jedes Blatt, jeder Zweig ist anders. Kein Bildpunkt ist wie der andere. Hier ist die verlustfreie Kompression nicht möglich.

Gerade Bilder haben aber eine Kompression besonders nötig, sind sie doch nach dem Scannen sehr datenreich. Deswegen hat sich eine Gruppe von Fotografen in der Joint Photographic Experts Group (JPEG) zusammengefunden und eine Anzahl von Regeln definiert, nach denen auch Bilder, insbesondere Farbbilder, zusammengestaucht werden können.

Dies geht aber nur mit einem Verlust an Information. Nun ist das Auge im Bereich der Helligkeit und Kontraste empfindlicher als im reinen Farbbereich (Ein Sprichwort sagt es deutlich: Nachts sind alle Katzen grau.) Deswegen kann man die Helligkeitsinformation (Luminance) anders behandeln als die Farbinformation (Chrominance).

Gesamtkompressionsraten von 1:20 bis 1:100 sind auf diese Weise möglich. Allerdings geht dabei ein großer Teil der Bildinformation unwiederbringlich verloren. Das mag in vielen Fällen nicht gewünscht sein, ist aber bei Kompressionen bis zum Wert 1:10 bis 1:20 im Druckerzeugnis kaum sichtbar.

Einige Hersteller haben die von JPEG aufgestellten Regeln in Chips gegossen, um die Kompression und Dekompression zu beschleunigen, andere vertrauen auf die Hardwareentwicklung und deren Beschleunigung und bauen die Kompression als Softwarelösung auf.

Zunehmend interessanter wird die fraktale Kompressionsmethode. Sie erlaubt immerhin Kompressionsraten

6.3 Proof-Belichter

von 100:1 bis 10.000:1. Diese Methode arbeitet ebenfalls verlustbehaftet, liefert aber deutlich höhere Kompressionsraten bei gleicher Verlustgröße wie das JPEG-Verfahren. Erreicht wird diese hohe Kompression dadurch, daß man den Rechner in die Lage versetzt, die zu komprimierenden Bilder durch einfache geometrische Formen, wie Dreiecke oder Quadrate, nachzuzeichnen. Je feiner und kleiner also das Dreieck gewählt wird, das in Position, Größe und Lage sowie Färbung dann verändert wird, desto besser ist die Bildwiedergabe. Es ist fast wie bei einem Bild eines Impressionisten, die Pinseltupfer geben ein sehr klares gutes Bild des Objektes wieder. Das Originalbild verschwindet dabei unwiderruflich, die fraktale Kopie ist nur noch eine kurze Ansammlung von Formeln und Positionsangaben. Leider ist der Rechenaufwand bei der Erstellung der Kompression sehr hoch und auch für heutige Rechner kaum in Echtzeit zu machen. Dafür ist die Bildausgabe sehr schnell auch mit einfachen Rechnern zu erledigen. Die Methode wird deshalb zunehmend mehr für Video-Übertragungen im Bereich der Zugangskontrolle eingesetzt. Ein Paßfoto schrumpft dabei auf wenige 100 Byte Größe.

6.3 Proof-Belichter in s/w oder Farbe mit oder ohne Zusatz-RIP

6.3.1 Schwarzweiß-Proofs

Digitale Proofs zu erzeugen, ist dann ganz einfach, wenn es sich um schwarzweiße Seiten handelt, die standgenau ausgeschossen werden sollen. Hier bietet die Industrie eine Unzahl PostScript-fähiger Belichter für praktisch jedes Format von A4 bis A1 an. Da das Zeitverhalten bei Werkdruck keine bestimmende Größe ist – die Belichter sind alle sehr schnell – hängt die Auswahl des richtigen Proof-Druckers nur noch von 2 Fragen ab:

Andere Systemkomponenten

1. Welches Endformat muß als Proof vorliegen?

2. Kann ein separater Proof-RIP eingesetzt werden?

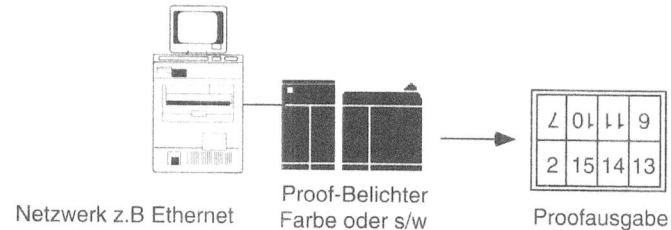

Bild 41:
PC oder Mac-Workstation als Proof-RIP

PostScript hat die wunderbare Eigenschaft der einfachen Skalierung ganzer PostScript-Dateien. Man kann also ohne großen Aufwand einen A1-Bogen auf A2 oder A4 verkleinern, ohne daß Daten verloren gehen. Wenn der Auftraggeber mit einem Standbogen im verkleinerten Format einverstanden ist, kann der Geldbeutel des Investors sehr geschont werden. A3-Laserdrucker gibt es schon ab 10.000 DM incl. RIP. Auch die auf das Endprodukt bezogene geringere Auflösung von 300 oder 600 dpi wird an dieser Stelle nicht stören. Unerfreulich kann es aber sein, wenn Daten, die im Endprodukt benötigt werden, im Proof-RIP nicht vorhanden sind. Man hat bespielsweise übersehen, daß Sonderschriften eingesetzt wurden. Als man sie dann nachorderte, wurden sie nur in den Haupt-RIP eingespielt. Aber das sind mehr Ärgerlichkeiten als wirkliche Probleme. Unter Umständen ist jedoch die PostScript-Interpretation des Proof-RIPs bei bestimmten Schriften verschieden. Das wird sich in Laufweitenunterschieden bemerkbar machen. Dann kann möglicherweise der Proof-Ausdruck im Umbruch stimmig sein, während in der Originaldatei einiges nicht stimmt oder umgekehrt. Diese Probleme treten leider auf und führen regelmäßig zu einiger Verwirrung. In der Praxis hat sich inzwischen der Einsatz von s/w-Thermoplottern im Format bis A0 als Form-Proof oder Blaupausen-Proof durchgesetzt. Diese Proof-Plotter sind vergleichsweise billig (in Deutschland um 30.000,- DM) und schnell. Farben können als Graustufen wiedergegeben werden. Wichtig ist, daß das Proof-Gerät immer aus demselben RIP oder einem baugleichen RIP gespeist werden sollte, um Abweichungen von vornherein auszuschließen. Als „Bunt"proof aber nicht farbverbindlich, ist das Angebot von Hewlett & Packard einsetzbar, die mit den Tintenstrahlplottern 650 und 750 im Format A1 und A0 ganz neue Preis/Leistungsmarken gesetzt haben.

6.3 Proof-Belichter

6.3.2 Vierfarb-Proofs

Weit problematischer ist die Frage des (endprodukt-) identischen Proofs bei anspruchsvollen Vierfarbarbeiten. Um die schlechte Nachricht vorweg zu nehmen: Es gibt bis heute keine gute und schon gar keine preiswerte Lösung dieses Problems. Es gibt aber mehr oder weniger gute Annäherungen mit hohen oder etwas niedrigeren Ansprüchen an den Geldbeutel.

Woran liegt das? Die Ursachen dafür sind vielfältig. Es fängt an mit den systembedingten Unterschieden zwischen den Farben, die auf dem Bildschirm zu erkennen sind, und den Farben die ein Proof-System ausdrucken kann. Die Farbwirkung auf dem Bildschirm ist leuchtender, erscheint kräftiger, als die „gleiche" Farbe auf dem Papier. Auf welchem Papier? Auch da gibt es große Unterschiede. Weitere Farbabweichungen entstehen durch das Einscannen von Bildern und die Ausgabe mittels sehr unterschiedlicher Methoden. Dem Problem der Farbabstimmung versucht man durch den Einsatz von Farbmanagementmethoden zu begegnen. Damit werden wir uns unter der Rubrik Software beschäftigen. Beim Farb-Proof hingegen, also der Ausgabe einer Zeitungsseite oder eines Standbogens mit allen Bestandteilen, soll alles schnell und genau über einen besonderen Drucker erfolgen. Die Verfahren, die dafür eingesetzt werden, sind heute:

- Elektrofotografische Druckwerke (Farbkopierer)

- Tintenstrahldruckwerke

Andere Systemkomponenten

- Thermotransferdruckwerke

- Farbstoffsimulationsverfahren

Bild 42 zeigt die unterschiedlichen Funktionsweisen der verschiedenen Verfahren und ist der Firmenschrift ALDUS Magazine 1/94 entnommen.

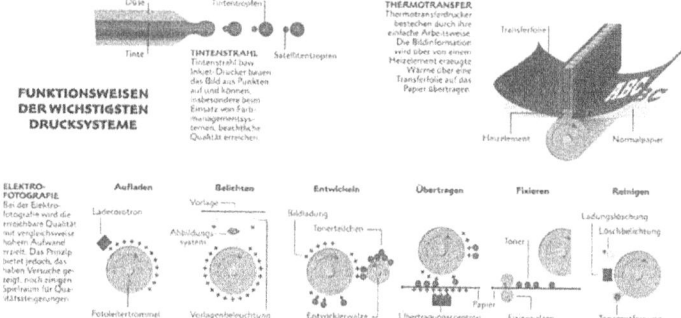

Bild 42: Prinzipdarstellung wichtiger Proofverfahren

Elektrofotografische Verfahren
verwenden Trockentoner in den 3 Grundfarben. Diese werden durch Wärme auf das Trägerpapier fixiert. Die Kosten sind relativ gering. Die Farbgenauigkeit leider auch.

Das Tintenstrahlverfahren
erzeugt flüssige Farbtröpfchen, die durch ein Mikrodüsensystem auf das Trägerpapier gespritzt werden. Die Kosten sind deutlich höher. Die Farbgenauigkeit ist nur mittelmäßig.

Thermotransfer(wachs)verfahren
übertragen erwärmte Farbschichten von einem Träger auf das Papier. Die Kosten sind relativ gering. Die Farbgenauigkeit aber auch.

Farbstoffsimulationsverfahren
wandeln Druckfarben durch chemische und thermische Einwirkung in Gase um, die sich an entsprechender Stelle niederschlagen. Die Farbeinwirkung ist kontinuierlich. Die Kosten sind relativ hoch. Die Farbgenauigkeit ist mittelmäßig.

6.3 Proof-Belichter

Allen Verfahren ist gemeinsam, daß sie nur einen bestimmten, jeweils auch noch anderen Ausschnitt des Farbdreieckes, als die Druckfarben selbst übertragen können. Die Übereinstimmung ist dann auch nur in bestimmten Bereichen gegeben, in anderen nicht. Die Verwendung von Farb-Proof-Systemen wird dadurch nicht leichter.

Auf der anderen Seite ist das Risiko, eine Platte zu drucken, die nicht freigegeben wurde, beim „Computer to Plate"-Verfahren größer als bei anderen Verfahren. Diesem Dilemma kann man sich nur entziehen indem man

- in digitale Proof-Systeme investiert und

- mit dem Auftraggeber zu einer Übereinkunft gelangt.

Diese Übereinkunft verlangt Kompromisse zwischen dem gewünschten Endresultat und den im Proof gezeigten Ergebnissen in bezug auf Farbtreue und Brillianz. Wenn investiert wird, gilt auch hier, je größer das Format, desto teurer ist das System.

Alle bekannten digitalen Proofverfahren, wie z.B.: Kodak-Approval, 3M-Digital MatchPrint oder Scitex-Iris, um nur einige zu nennen, sind leider nicht in der Lage, den späteren Druck 100%ig in seinem Farbumfang und in seiner Licht und -Schattentiefe zu treffen. Aber das können analoge Proofverfahren auch nur dann, wenn es sich um wirkliche Andrucksysteme handelt.

Mit erheblichem internen Abstimmungsaufwand kann man es jedoch durchaus schaffen, sich weitestgehend an die geforderten Endergebnisse anzunähern. Man muß allerdings auch dafür einen Preis zahlen. Dieser Preis besteht in einer guten, internen Organisation, die die Abstimmung ständig durchführt und ermöglicht, einem relativ hohen Investitionsaufwand zwischen 150 und 400 TDM sowie einem entsprechenden Aufwand an Zeit für die notwendigen Herstellungsprozesse, um den Proof vierfarbig zu erstellen. Die reine Belichtungszeit bei einem Stork-Proof-Drucker im 3B-Format liegt bei etwa 20 Minuten pro Bogen. Hinzu

Andere Systemkomponenten

kommen die entsprechenden Rüstzeiten und die Datenbereitstellung. Unter einer Stunde dürfte da wenig zu machen sein.

6.4 Workstations und Scanner zur Vorverarbeitung

Schauen wir uns nun den linken oberen Teil des CTP-Schemas etwas genauer an, nämlich die Desktop-Seite mit ihren Workstations und Scannern (Bild 43). Wir gehen bei der Betrachtung der einzelnen Systemkomponenten davon aus, daß an anderer Stelle im Hause oder extern die Ganzseiten bereits digital erzeugt wurden, die Bilder eingebracht sind und die Datei für eine Broschüre, einen Katalog oder ein Buch als Dateiformat des zu erzeugenden Programms (üblicherweise QuarkXPress, PageMaker, Ventura Publisher, FrameMaker oder ähnliches) vorliegt. Das ist aber nicht immer der Fall, beim Beginn der Ausgabe auf CTP vielleicht eher die Ausnahme als die Regel. Seit 1995 werden nunmehr auch Hochleistungsscanner für das Einscannen von Lithovorlagen angeboten, deren Ergebnisse auch die Skeptiker überzeugen. Wir werden ausführlicher auf diese Scanner etwas weiter unten eingehen. Erleichtern sie doch den Übergang von analoger Technik auf digitale Technik ganz erheblich. In jedem Fall aber muß der Bediener der Workstations in der Lage sein einzugreifen und eventuell zu korrigieren, falls er nachträglich das eine oder andere an Bildmaterial einbringen oder löschen muß.

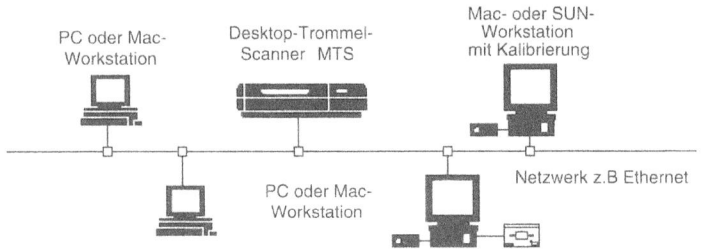

Bild 43:
Scanner oder
nicht Scanner

6.4 Workstations, Scanner

Scanner oder nicht Scanner?

Heute werden farbtüchtige Scanner von 500,- DM aufwärts angeboten. Zu leicht ist man aber der Versuchung erlegen, für die wenigen Male, bei denen mit dem Einscannen von Bildern zu rechnen ist, eine sehr billige Lösung zu wählen. Davor kann aber an dieser Stelle nicht genug gewarnt werden. Bunte Bildchen kann jeder Scanner einscannen. Professionelle Bildverarbeitung für anspruchsvolle Halbton-Vorlagen ist aber nur dann möglich, wenn die Vorlage so gut wie nur irgend möglich in eine digitale Datei umgesetzt wurde. Dies können auch heute nur Hochleistungsscanner, insbesondere die, bei denen die Pixel-Erfassung direkt durch Fotomultiplier erfolgt. Wenn die Bild- und Farbinformation indirekt durch Fotodioden abgetastet wird, muß sie anschließend umgerechnet werden. Das bedeutet Wartezeit und Verlust von Information.

Für jede Farbe sollte ein Fotomultiplier in einem Scanner eingesetzt werden. Hochleistungsscanner erzeugen häufig ein RGB-Signal mit 3 direkten Fotomultipliern. Für jede Grundfarbe (Rot, Grün, Blau = RGB) ein Sensor. Besser, aber auch teurer sind Scanner mit 4 Sensoren für das direkte Erzeugen von CYMK, dem in der grafischen Industrie verwendeten Farbstandard. Durch direkte Abtastung des Schwarzsignales mit einem eigenen Sensor ist der Kontrast deutlich besser und die Rechenzeiten zur Erzeugung eines CYMK-Signales aus dem RGB-Signal fallen weg.

Hochleistungsscanner dieser Klasse gibt es ab 40 TDM (RGB) bis 80 TDM (CYMK). Je teurer sie werden, desto mehr Bedienerleichterung enthalten sie, um zu professionellen Bilddateien zu gelangen. Durch den Einsatz von Expertenwissen und künstlicher Intelligenz sind in einigen Fällen nicht einmal die Kenntnisse von hochkalibrigen Repro-Operateuren nötig.

Die Datenmengen und Scanraten

Scanner erzeugen Unmengen von Daten. Aus Unsicherheit, welche Größe und Feinheit später erreicht werden soll, werden die Halbton- Originale oft mit zu hoher Auflösung abgetastet.

Andere Systemkomponenten

Halbtonbilder

Als Daumenregel gilt: Die Scanauflösung in Bildelementen/Einheit sollte mindestens gleich, besser doppelt so groß sein wie die später zu druckende Rasterweite. Hat man vor, mit einem 60er Raster zu drucken, so sollte die eingestellte Scannerauflösung mindestens 60 P/cm oder 150 dpi betragen. Besser sind 120 P/cm oder 300 dpi. Für Graustufen- oder Farbhalbtonbilder höhere Auflösungen zu wählen ist Verschwendung von Speicherplatz. Ein Mehr an Information ist auch nicht enthalten. Die Tiefe der Graustufe, die Farbsättigung, wird ja noch zusätzlich vom Scanner abgetastet. Eine Auflösung von 8 bit entspricht immerhin 256 unterschiedlichen Graustufen. Bei 3 Primärfarben und Schwarz benötigt man schon (32 bit) 3 x 8 bit + 8 bit für Schwarz und kann dann jede Farbe mit dieser hohen Auflösung verarbeiten.

Neulinge in diesem Bereich sind oft verwundert, daß das gescannte Bild, vielleicht ein Dia von 24 x 36 mm, auf dem Bildschirm viel größer erscheint, als es im Original ist. Das kommt daher, daß jeder Punkt des Scanners einem Punkt auf dem Bildschirm entspricht. Der Bildschirm – selbst hochauflösende Schirme – haben aber nur 72 dpi oder knapp 3 Punkte auf den mm. Verglichen mit den 300 dpi eines Scans, das sind ca. 12 Punkte pro mm, ist das natürlich sehr viel weniger. Da wie gesagt jeder Bildschirmpunkt einem Scanpunkt zugeordnet wird, erscheint das dargestellte Bild 12/3 = 4 x größer als vorher. Aber keine Sorge, es sieht nur so aus.

Die Anforderung an die zu wählende Auflösung ist anders, falls das gescannte Bild später vergrößert werden soll. Wenn die Vergrößerung 200 % betragen soll, dann muß, zur Sicherstellung der Detailtreue, auch das Original doppelt so hoch wie ursprünglich, d.h. max. mit 2 x 300 dpi = 600 dpi, abgetastet werden. Die anschwellenden Datenmengen (zur Erinnerung: Jede Verdoppelung der Auflösung bringt eine Vervierfachung der Datenmenge) bringen leider jeden nachgeschalteten Prozeß zum Bummeln.

Weniger als 1:1 sollte aber auch gut überlegt werden. Die spätere Belichtungseinheit erhält dann nämlich nicht genügend Originalinformationen, um ihre Halbtonzelle auch entsprechend zu füllen. Es fehlt eben einiges. Man behilft sich dann mit mehr oder weniger geschickten Extrapolationen der fehlenden Daten. Die Folge ist dann meistens ein sichtbar schlechteres Bild.

Strichvorlagen

Eigene Regeln herrschen, wenn man Strichvorlagen abzuscannen hat. Hier gibt es keine zusätzliche Farbinformation, sondern alle Schrägen, Ecken und Schwünge sollen detailgetreu übertragen werden. Dann sollten Auflösungen von 800 oder 1.200 dpi eingestellt werden. Da der Scanner erst einmal nicht unterscheidet, ob die abgetasteten Punkte zueinander unterschiedlich sind oder nicht, nimmt er erbarmungslos alle weißen und alle schwarzen Punkte auf.

Ein A5 großes Bild, mit einer Kantenlänge von 145 x 210 mm hat dann auf einmal 9,5 MB, obwohl vielleicht nur ein Logo eingescannt wurde. Deshalb sollte anschließend auf jeden Fall mit einem Bildbearbeitungsprogramm über diesen Scan gegangen werden. Einmal um das Bild von störenden Verunreinigungen zu säubern, die desto häufiger auftreten, je feiner die Auflösung und je tiefer der Schwellwert eingestellt wurde. (Der Schwellwert entscheidet darüber, ab welcher Graustufe ein Punkt als schwarz zu betrachten ist.) Zum anderen durch die damit erzielbare, verlustfreie Datenkompression.

Die Aufgabe der Datenkompression besteht darin, beim Abspeichern diejenigen Punkte herauszufischen und nicht separat zu speichern, die genauso weiß oder genau so schwarz sind wie der Nachbarpunkt. Es genügt, wenn das Programm in den Speicher schreibt: „Dieser Punkt ist weiß und genauso weiß sind die folgenden 1.000 Punkte", um nur einmal ein vereinfachtes Beispiel zu benennen.

Lithovorlagen

Lithovorlagen, in der Regel Lithofilme, sind ihrem Wesen nach Strichvorlagen besonderer Art. Auch hier gibt es keine zusätzliche Farbinformation, dafür müssen alle Schrägen, Ecken und Schwünge und Punktformen detailgetreu über-

Andere System-komponenten

tragen werden. Als erste Faustregel für die einzustellende Auflösung beim Scannen gilt: mindestens das 10fache, besser das 15fache der Rasterweite des Lithos sind vorzusehen. Das heißt beim 60er Raster ergibt sich eine Scanauflösung von 600 bis 900 Punkten pro cm oder 60 bis 90 Punkten pro mm.

Erschwerend kommt hinzu, daß Lithos fast immer als Farbauszüge vorliegen, die sehr genau zu einander passend gemacht wurden und bei denen die Rasterwinkelungen und Punktformen erhalten bleiben sollen. Normale – selbst hochauflösende – Halbtonscanner leisten diese Art von Scans nicht, oder nur sehr unprofessionell. Ein Lithoscanner sollte deshalb über die folgenden Eigenschaften verfügen:

1. Große Scanfläche zur leichten Aufnahme von großen vormontierten Kopiermaschinen-Folien

2. Leichte Positionierbarkeit nach Paßkreuzen oder Bildinhalten der zu scannenden Vorlagen

3. Hohe physikalische Auflösung zur präzisen Abtastung aller Punkte, unabhängig ob einzelne Weißpunkte in einem schwarzen Umfeld oder wenige Schwarzpunkte in einem lichten Umfeld abzutasten sind

4. Hohe Scangeschwindigkeit und Datenvorverarbeitung für eine produktive Arbeitsweise

5. Hohe Datenverdichtung ohne Verluste bei der Weiterverarbeitung der digitalisierten Vorlage

Alle 5 Anforderungen sind auch heute noch nicht einfach zu erfüllen. Erst 2 bis 3 Anbieter haben sich diesen Anforderungskatalog gestellt und bieten ausgereifte Scansysteme zur Digitalisierung von Lithovorlagen an. Am Beispiel des EskoScans 2540 soll die Funktionsweise näher erläutert werden.

Der Eskoscan 2540 hat eine Arbeitsfläche von 400 x 510 bei Durchsichtsvorlagen (510 x 610 bei Aufsichtsvorlagen).

6.5 Auslegung von Workstations

Ein zusätzlicher Arbeitsvorbereitungstisch – im wesentlichen eine präzises Digitalisierbrett – erlaubt die Festlegung, welche Farbe wo liegt, einfach, präzise und schnell. Die Lithovorlage wird dann auf dem Scanner entweder in vorbereitete Paßstifte eingehängt oder mit Soft- und Hardwareunterstützung automatisch positioniert.

Der Scanner selbst arbeitet immer mit einer optischen Auflösung von 1.000 Punkten pro cm (2.540 dpi) und tastet eine ca 1 cm breite Spur pro Durchgang ab. Zur Vermeidung von späteren Moirés ist es wichtig, die auszubelichtende Endauflösung bereits beim Scannen zu kennen und einzustellen. Alle Auflösungen gleich oder kleiner von 2.540 dpi lassen sich stufenlos über optische Mittel einstellen.

Sinnvollerweise wird beim Scannen von Lithovorlagen mit Strichanteilen (Schriften, Logos, Zeichnungen etc.) eine anschließende Entrasterung vermieden und statt dessen eine punktgetreue Abtastung und Verarbeitung gewählt. ESKO-FOT nennt diese Arbeitsweise – ganz treffend – Copydot. Der Scanner scannt dann eine A5-Vorlage in ungefähr 2 Minuten. Die entstehenden großen Dateien von ca. 10 Mbyte werden beim Scannen verlustfrei ca. 3 : 1 bis 5 : 1 komprimiert und als TIFF- oder DCS-Bild abgespeichert. Gleichzeitig wird ein Grobbild erzeugt und abgelegt.

Erfahrungen zeigen, daß beim 60er Raster auch feine Schriften noch sehr scharf erfaßt werden. Beim direkten Punktvergleich werden im lichten Bereich etwa 1 bis 1,5 % verlorengehen, im tiefen Bereich ca. 1 %. Ein Ergebnis, daß sich durchaus sehen lassen kann.

Scanner dieser Art sind hochpräzise und produktive Arbeitsmittel und haben ihren Preis. Die ESKOFOT-Lösung wird je nach Ausstattung für ca. 160.000 bis 230.000 DM angeboten.

6.5 Die Auslegung von Workstations

Aus den Anforderungen an die Größe der Dateien (Merkregel: je höher aufgelöst, desto größer) lassen sich die Anforderungen an die Workstations errechnen. Ein voll auf-

Andere System-komponenten

gelöstes A4-Farbbild, gescannt mit 300 dpi bei 8 bit Farbtiefe, hat etwa 26 MB Dateninhalt. Eine Ganzseite kann mehrere Teilbilder enthalten und soll sicherlich in einem Stück am Schirm gezeigt werden. Der Bediener muß darüber hinaus aus einem Vorrat von Dateien wählen können. Unter Umständen werden diese Bilder zeitgleich auf dem Schirm gezeigt: Deswegen sollte die Workstation für die Bearbeitung von Bilddaten mindestens 128 MB als RAM-Speicher enthalten.

Ferner ist darauf zu achten, daß der Bildschirmaufbau nicht ungebührlich viel Zeit in Anspruch nimmt. Deswegen sollte der Computer mit entsprechend schnellen Video-RAMs und großem Speicherplatz ausgestattet sein. Für die Auslegung der Workstation ist außerdem wichtig zu wissen, daß auch die verwendeten Betriebssysteme locker zwischen 5 und 70 MB verschlingen. Der Spitzenreiter ist dabei sicherlich das UNIX®-Betriebssystem, aber auch ein gut augestattetes Windows® läßt sich nur mit 25 MB RAM einsetzen. Am sparsamsten ist hier noch der Macintosh® von Apple®, dessen System 7.5 etwa zwischen 4 und 8 Mb benötigt, um die verschiedenen Anforderungen vernünftig und schnell zu erfüllen.

Einfacher, langsamer getaktet und mit viel weniger Speicher im RAM und im Festspeicher ausgestattet sind die reinen textorientierten Arbeitsplätze. Auch solche, die nur für das Ausschießen zuständig sind, benötigen zwar eine hohe Rechengeschwindigkeit, aber weniger Video- und auch Hauptspeicher-RAM als die reinen Retouche- und Umbruch-Plätze.

Der Workstation-Operator ist nun aufgefordert, die entsprechend angelieferten Dateien, Texte, Bilder, Grafiken oder komplette Werke zu sichten, sie gegebenenfalls zu korrigieren und zu editieren. Dies kann er immer dann tun, wenn er über das Ursprungsprogramm verfügt und die Datei auf dem Bildschirm als Text- und Bilddatei aufrufen kann. Schwierig wird dieses Unterfangen dann, wenn nur eine PostScript-Datei angelegt wird. PostScript-Dateien sind ja „nichts weiter" als eine Liste von Programmanweisungen, die der angeschlossene RIP versteht und in ein Punktmuster

6.5 Auslegung von Workstations

umsetzt. Es empfiehlt sich daher, bei sicherem Wissen, daß diese Aufgabe innerhalb eines Auftrages auf den Betrieb zukommt, mit dem Auftraggeber die Anlieferung der Daten im Ursprungsprogramm, also z.B. PageMaker® zu vereinbaren. Dort ist das Editieren und Korrigieren am einfachsten und auch am schnellsten durchzuführen. Seit Mai 95 ist auch das Programm ePScript® von OneVision aus Regensburg auf dem Markt. Es schließt eine seit längerem als sehr schmerzliche empfundene Lücke, indem es fast beliebige PostScript-Dateien editierbar macht. Dabei haben die Entwickler eine ganze Reihe von Anforderungen ihrer Arbeit zugrunde gelegt, deren Lösungen bei einem Dienstleister fast täglich anfallen und bisher nur mit viel Goodwill und Aufwand zu überwinden waren. Im Laufe dieses Kapitels werden wir noch ausführlich auf dieses nützliche Programm eingehen. Hier sei nur soviel angemerkt, daß dieses Programm unter NextStep läuft und darum alle PostScript-Befehle und Dateien sichtbar und editierbar machen kann.

Sind dann die Seiten in Ordnung, müssen der Bogen bestimmt und das Ausschießmuster festgelegt werden.

Die Bildschirmdarstellung

Mit Ausnahme der Programme, die mit Display-PostScript arbeiten, kann bisher kein Ausschießprogramm direkt PostScript-Dateien auf dem Bildschirm darstellen, es sei denn, es werden zusätzliche Transformationsprogramme, z.B. bei Presswise mit Preprint Pro, eingeschaltet. Dainippon Screen hat mit seiner Taiga-Workstation diesen Weg beschritten, indem man aus angelieferten PostScript-Dateien ein internes Format bildet und dieses auf dem Bildschirm editierbar in Text und Bild darstellt. Nach Fertigstellung und absenden wird es wieder in ein PostScript-Dateiformat zurückverwandelt. Das hat die angenehme Konsequenz, daß in allerletzter Minute noch Änderungen und Eingriffe vorgenommen werden können, verlangsamt aber den Gesamtprozeß deutlich.

Andere System-komponenten

Eine ähnliche Lösung zeigt das Signa-Station®-Paket von Linotype-Hell, das unter Zuhilfenahme des Betriebssystemes „NextStep®" (einem UNIX-Derivat) die Einschaltung von Display-PostScript® ermöglicht. Display-PostScript® ist eine spezielle Darstellungsart für Bildschirme, die aus einer PostScript-Datei ein relativ grobes Bildschirmraster aufrippen und am Bildschirm sichtbar entstehen läßt.

Dauert das Ausschießen von 8 Seiten Text z.B. im PostScript-Format (aber ohne sichtbare Darstellung aller Text-Feinheiten) auf dieser Maschine etwa 1 Minute oder sogar weniger, so muß man mit einem Mehrfachen davon rechnen, wenn die Textbuchstaben auf dem Bildschirm errechnet und dargestellt werden sollen.

Das heißt, die Bequemlichkeit des Sehens und Prüfens in letzter Minute, muß man in allen Fällen mit erheblichen Zeitaufwendungen bei der Entstehung dieser Dateien bezahlen. Ob das erforderlich ist oder nicht, kann man oft erst dann entscheiden, wenn die Datei vorliegt. Es ist also sinnvoll, sich in bestimmten Fällen diese Option offenzuhalten.

6.6 Die Programme

6.6.1 Die Montage

Verschiedene Ausschießprogramme

Im folgenden wollen wir nun versuchen, ein wenig tiefer in die Anforderungen an brauchbare Ausschießprogramme vorzudringen.

Ausschießprogramme verarbeiten PostScriptdateien aus vielen Layoutprogrammen. Aber Vorsicht, nicht alle Programme werden gleichermaßen unterstützt. PostScript ist nicht gleich PostScript.

Für die Auswahl ist wichtig zu wissen, welche Dateien direkt, d.h. zusätzlich zu Postscriptdateien gelesen werden können. Presswise 2.5® von Adobe verarbeitet zum Beispiel Dateien direkt aus PageMaker® und QuarkXPress®. Andere Filter werden vielleicht folgen, stehen aber zur Zeit noch aus.

6.6 Programme

Dabei können die Dateien schon farbsepariert sein. Aus allen anderen Anwendungen müssen die Dateien bereits im PostScript-Format vorliegen. Da die Wandlung in PostScript einige Zeit in Anspruch nehmen kann, ist es von Vorteil – auf Wunsch – direkt zu arbeiten.

Die Programme müssen auch in der Lage sein, neben ihren primären, geometrischen Gestaltungsfunktionen, Verkettungen von mehreren Dateien zu einem Gesamtjob zu erlauben. Die Art der Anordnung der Seiten sollte bildhaft und intuitiv erfolgen. Ein netter Versuch, die Anordnung nach der beliebten Methode des Bogenfalzens wurde von Ultimate® aufgegriffen und mit dem Programmzusatz „Origami" verwirklicht. Es wird von Ultimate direkt, aber auch von Misomex angeboten. (Origami ist die Bezeichnung für die hochentwickelte, japanische Papierfaltkunst. Verglichen mit den dort gepflegten Ansprüchen ist der Name Origami für eine Falzhilfe dieser Art sicher etwas hochgegriffen.)

Das Programm Origami ermöglicht es am Bildschirm, unter Verwendung der Maus, einen Bogen gemäß dem gewünschten Falzschema bildhaft zu falzen. Das Programm merkt sich die relative Position und Lage der einzelnen Seiten auf diesem Bogen. Durch Ergänzung von Satzspiegel, Bund- und Stegangaben und anderen Trimm- oder Seitenmaßen sowie der Seitenzahl kann das Erstellen eines neuen Schemas damit sehr einfach und anschaulich werden. Auch der direkte Eingriff, beispielsweise des Suchens und Ersetzens ganzer Seiten oder mehrerer Seiten, sollte auf einfache Weise machbar sein. Wichtig ist ferner, welches maximale und minimale Plattenformat beherrscht wird und wieviele Seiten auf einer Platte untergebracht werden können. Außerdem muß das Programm die Möglichkeit bieten, den Ausdruck zu vergrößern oder zu verkleinern, um kleinformatige Proof-Drucker anzusteuern. Auch eine einseitige Verkleinerung oder Verzerrung sollte machbar sein, um bestimmte drucktechnisch bedingte Schrumpfungen ausgleichen zu können.

Natürlich muß es dem Bediener einfach möglich sein, Passermarken, Signaturen, Druckanweisungen oder

Andere System-komponenten

Schneidanweisungen in der richtigen Größe, Stelle und Lage in beliebiger Menge zu erzeugen und präzise über Tasteneingabe zu positionieren. Ferner ist erforderlich, auf einfache Weise Bundzugaben für die richtigen Stege, einmalig für alle Seiten oder auf Wunsch des Bedieners auch für Einzelseiten, getrennt zu vergeben. Auch die Wahl der entsprechenden Bindung mit Berücksichtigung der Auswirkungen gehört zu den wesentlichen Eigenschaften eines Ausschießprogrammes.

Zu den bekanntesten Softwarelieferanten für Ausschießprogramme (im englischen „imposition programs" genannt) gehört die Fa. Ultimate aus Kanada mit dem Programm „Impostrip®". Dieses Haus ist sozusagen der Pionier der Ausschießprogrammhersteller. Die Firma Adobe bietet mit Presswise 2.5® ein Ausschießprogramm für den MacIntosh von Apple Computer an. Scenic Soft aus Washington State hat einen guten Marktanteil mit dem Programm Preps errungen, das wahlweise auf dem Mac oder unter Windows läuft. Preps kann einige Funktionen besser als Presswise. Insbesondere die Verknüpfung von Seiten unterschiedlicher Größe in einer Form. Ein hierzulande etwas unbekannterer Anbieter, Fa. Farukh mit dem Imposition Publisher®, bietet ähnliche Möglichkeiten. In jedem Fall empfiehlt es sich, die Extraausgabe zu tätigen und 2 verschiedene Ausschießprogramme im Einsatz zu haben. Wie schon erwähnt, PostScript ist nicht gleich PostScript und wo das eine Programm einen Fehler erzeugt oder meldet, kommt das andere Programm vielleicht problemlos weiter.

Linotype-Hell bietet die an eigene Hardware gekoppelte Signa-Station für diese Zwecke an. Die Linotype-Hell-Lösung zeichnet sich durch die Möglichkeit der Umschaltung auf Display-PostScript aus. Es wird damit möglich, eine Datei, die im PostScript-Format angeliefert wurde, direkt in aller Schönheit und mit allen Details auf dem Bildschirm zu sehen.

Die anderen Programme lassen dies nicht zu. Im allgemeinen ist dieser Komfort jedoch nicht zwingend erforderlich. Vielmehr ist wichtig, daß der Gesamtbogen ausgeschossen werden kann und daß die Besonderheiten der jeweiligen

6.6 Programme

Faltschemen vom Programm abgebildet werden. Ferner, daß die entsprechenden Passermarken, Registeranweisungen, Farbkeile und andere Druckanweisungen sicher plaziert und im jeweiligen Farbauszug untergebracht werden können. Fast alle Programme verfügen heute jedoch über eine Preview-Eigenschaft, eine Funktion, die die ausgeschossene Form aufgerastert auf dem Bildschirm sichtbar macht und in verschiedenen Vergrößerungen darzustellen gestattet. Auch die Farbauszüge können aufgerastert übereinander abgebildet werden, um einen ersten Eindruck der 4C-Form noch am Bildschirm zu erhalten.

Je nach Dateiinhalt geht das Ausschießen schnell bis sehr langsam. Eine Werksatzdatei mit 8 Textseiten A4 kann in wenigen Sekunden ausgeschossen werden mit allen entsprechenden Regieanweisungen, Passermarken etc. Das anschließende Aufrippen, je nach verwendetem RIP, kann innerhalb weniger Sekunden bis eine Minute vorgenommen werden. Anders sieht es aus, wenn große Bilder oder auch computererzeugte Raster und Verläufe und das möglichst noch in mehreren Farben und hoher Auflösung durch das Ausschießprogramm laufen sollen. Dann dauert dies wesentlich länger, bis zu vielen Minuten und unter Umständen bis zu einer Stunde und länger.

Auch an dieser Stelle ist darauf hinzuweisen, daß die Erstellung der Ausschießschemen eine intensive Kenntnis des Druckprozesses selber und der angeschlossenen Aggregate verlangt. Diese Kenntnis gehört üblicherweise nicht zum Ausbildungsstand von Desktop-Publishern, Repro-Fotografen oder Scanner-Operateuren.

6.6.2 Trappingprogramme oder das Überfüllen/Unterfüllen

Über- oder Unterfüllung ist immer dann notwendig, wenn die Gefahr besteht, daß beim Druck von farbigen Abbildungen durch Passerungenauigkeiten weiße oder schwarze Leerstellen entstehen. Diese würden sich störend im Gesamteindruck auswirken. Um eine elektronische Über- oder Unterfüllung sicher vornehmen zu können, ist aber eine

Andere System-komponenten

Kenntnis der Parameter des Druckprozesses erforderlich. Die entsprechenden Einstellungen müssen am Rechner sichtbar sein und werden nach Vorgabe durch den Operator vom Rechner ausgeführt.

Schon seit einiger Zeit bietet Photoshop® von Adobe Systems und auch QuarkXPress® Möglichkeiten dafür. Die Crux ist jedoch, daß sie für einzelne Seiten gedacht sind, die auf Film ausgegeben werden.

Bei der Ausgabe auf die Platte fallen wieder diverse Zwischenschritte weg. Zwischenschritte, die mitunter der Anpassung an Papiersorte, Druckfarbe und Druckmaschine gedient haben. Deswegen sind oft zusätzliche Programme für das Überfüllen vonnöten. Programme, die dieses erledigen, sind von Adobe „Trappwise®" von Island Graphics IslandTrapper® und RAMPAGE RIP® and Trappit® sowie von Scitex Autoframes®.

Alle Programme, bis auf IslandTrapper, laufen sowohl auf dem PC wie auf dem Mac. Es ist auf jeden Fall empfehlenswert, die jeweils schnellste Station des Herstellers einzusetzen, um Überfüllungen und Unterfüllungen durchzuführen.

Schon an dieser Stelle ist für den Operator nicht nur die spezifische Kenntnis der Druckparameter erforderlich, sondern auch eine gehörige Portion Geduld angebracht. Übliche Durchlaufzeiten durch eine Maschine mit Prozessoren wie Pentium® oder 68040 auf dem Mac Quadra® 840 AV liegen pro Seite bei mittlerem Anforderungsgrad an die Überfüllung oder Unterfüllung zwischen 5 und 15 Minuten. Auf dem Power Mac Intosh ca. 2 bis 3 mal kürzer.

Verschiedene Betriebsweisen

Je nach Arbeitsmodus des gewählten Programmes wird in der PostScript-Form „getrappt", d.h., die Vektordaten, die PostScript liefert, werden verglichen und die Zonen für Über- oder Unterfüllung bestimmt und aufgefüllt, oder dieser Prozeß wird im aufgerasterten Bereich vorgenommen. Die Rasterung selber setzt eine Rippung der Datei voraus. Das ist, wie wir wissen, mit zum Teil erheblichen Zeitaufwendungen verbunden. Während Island Graphics

IslandTrapper® vektorbasiert arbeitet, also das eigentliche PostScript-Signal verwendet, und das Scitex-Produkt Autoframes® nur rasterorientiert arbeitet (verlangt also einen RIP-Durchlauf zuvor), erlauben Adobe Trappwise® und Rampage Systems Dateien in hybrider Form.

Sie benötigen dazu eine – gering aufgelöste – Version des Vektor-PostScript-Files als gerasterte Zusatzdatei, dort werden die entsprechenden Überfüllungszonen definiert, errechnet und anschließend wieder zurückverwandelt in PostScriptdaten.

Alle genannten Programme haben ihre unterschiedlichen Meriten, aber auch Schwierigkeiten. Nur eines von ihnen, nämlich das „Rampage Systems Trappit®" versteht zusätzlich auch das Überfüllen/Unterfüllen von Halbtonbild zu Halbtonbild.

Weitere Programme für diese Aufgabe sind angekündigt. So von Dupont/Crossfield „Autotrap®" und von Ultimate „Technographics RipLink Trap®".

Überfüllungs- (Trapping) Programme kosten heute zwischen 5.000 und 15.000 $ und sind mithin nicht preiswert. Es muß daher wohlgeprüft werden, ob die gewünschten Ergebnisse sowohl vom Zeitverhalten her als auch bei der angestrebten Qualität erreicht werden.

6.7 Weitere wichtige Programme

Haben wir nun auch die Überfüllungs-/Unterfüllungshürde genommen, so geht es darum, jetzt entweder einen Proof herzustellen oder das Ausschießen vorzunehmen.

Die Flut der DTP-Programme, verbunden mit dem Zwang immer das neueste Update zu haben, zwingen den grafischen Dienstleister zu ständigen Investitionen in Programme und Know-how. Last, but not least, sollten die entsprechenden Programme zur direkten Bearbeitung der Einzelseiten im Zugriff sein. Dazu gehören mit Sicherheit das Ursprungsprogramm für die Datei, also

- QuarkXPress®,

Andere System-komponenten

- PageMaker®,

- Ventura Publisher® oder ähnliches.

Ferner eine vernünftige Bildbearbeitungssoftware, wie

- Adobe Photoshop®,

das sich sehr bewährt und in den Vordergrund geschoben hat, und

- OneVision ePScript®.

Einen Ausweg aus der ständigen Update-Notwendigkeit bietet das schon mehrfach erwähnte Programm ePScript aus dem Hause OneVision. Bisher haben wir es nur als eine wichtige Eingangskontrolle für fremd gelieferte PostScript-Dateien kennengelernt. ePScript verarbeitet nahezu alle Postscript-Dateien, macht sie direkt lesbar und editierbar und wandelt sie in ein konsistentes hauseigenes PostScript um. Steigt ePScript aus, dann kann man ziemlich sicher sein, daß auch der eigene RIP eher früher als später ausgestiegen wäre. Aber immer erst dann, wenn schon erhebliche Zeit verloren gegangen und Kosten entstanden wären. Mit dieser Prüfungs- und Wandlungsfunktion ist ePScript allein schon sein Geld wert. Aber es kann noch einiges mehr.

In der neuesten Version 3 erlaubt es das Einlesen und Ausgeben von PDF-Dateien (Page Description Files erzeugt von Adobe Acrobat), die nachträgliche Erzeugung von Type 1, Type 3 und TrueType PostScript-Schriften direkt aus der angelieferten PostScript-Datei. Damit wird das leidige Problem umgangen, das viele Anwender vergessen, nämlich die im Dokument enthaltenen Schriften mitzuliefern, wodurch der RIP dann automatisch und natürlich falsch die Schrift Courier einsetzt. Auch das legale Problem, Schriften unauthorisiert beifügen zu müssen, gehört damit der Vergangenheit an.

6.7 Weitere wichtige Programme

Weitere sehr wichtige Funktionen sind die vollständigen Editierprogramme für Text, Grafik und Bildern in Schwarzweiß und Farbe. Selbstverständlich ist auch eine Wandlung von RGB in CYMK und umgekehrt möglich.

Mit diesem Programm entfällt für den grafischen Dienstleister die Notwendigkeit, ständig alle Updates von Programmen wie QuarkXPress, PageMaker, Freehand oder Illustrator sowie Photoshop nachzuhalten. Ein Programmpaket nur eines Herstellers, erlaubt alle obengenannten Funktionen, solange der Kunde PostScriptdateien zu liefern imstande ist. Ein Fortschritt, der viel weiter reichende Konsequenzen hat, als auf den ersten Blick scheint:

1. Der Kunde erzeugt PostScript-Dateien oder – in Zukunft – Acrobat PDF-Dateien selber. Und es kostet dann auch seine Zeit.

2. Es kann fast jede PS-Datei problemlos gelesen und weiterverarbeitet werden.

3. Es entfällt die Notwendigkeit auch exotische Schriften vorzuhalten, was oft nicht am Geldbeutel, sondern an der verfügbaren Zeit scheitert.

4. Es verringert sich der Trainingsaufwand für die Mitarbeiter, die oft Updates erlernen müssen ohne häufig den Zweck des Updates auch wirklich nutzen und würdigen zu können.

ePScript läuft unter dem Betriebssystem NextStep, eine UNIX-Variante. NextStep ist ein eigenes Betriebssystem und benötigt als Hardwareplattform Intel 486 oder Pentium-Rechner oder, besser, weil schneller, SUN MicroSystems Sparc oder Ultra Sparc Prozessoren. Damit ist ePScript eigentlich eine Insellösung. Der Hersteller von NextStep, die Firma NeXT, hat aber jetzt eine Zusammenarbeit mit SUN, Microsoft und DEC vereinbart, welche die Übernahme der OpenStep-Umgebung, also das Herzstück von NextStep, in die Betriebssysteme Solaris von SUN, Windows 95 und Windows NT von Microsoft und UNIX von DEC zum Ziel hat. Dann muß bei Verwendung dieses Programmes nur noch auf NextStep umgeschaltet werden, ohne das eigentliche Betriebssystem zu verlassen. Bis spätestens Ende 96 ist mit der Verfügbarkeit auf allen genannten Plattformen zu rechnen.

Andere Systemkomponenten

Hilfsprogramme

Die Zusammenfassung von allen jobrelevanten Daten sollte heute mit allen Prepressprogrammen möglich sein. Bei QuarkXPress sind das wertvolle X-tensions, bei PageMaker empfiehlt sich ein Programm mit dem Namen Checklist® von Elseware (läuft meines Wissens nur auf dem Macintosh). Es gestattet, aus einer ankommenden PostScript- oder PageMaker-Datei alle Einzelinhalte aufzulisten und mit den im Server oder auf der Workstation vorhandenen Komponenten zu vergleichen.

Bild 44 zeigt einen Bildschirmausdruck einer Checklist-Datei. Es ist das Bild am Anfang dieses Kapitels mit dem internen Namen „Workflow CTP. epsf" und enthält die Systemkomponenten des „Computer to Plate"- Systems. Das Protokoll, das Checklist erstellt, enthält sämtliche in der Datei vorkommenden Schriftarten, ihre Benennung, alle Bilddateien und ihre Dateiform sowie alle anderen relevanten Daten wie Dateigröße usw.

Gleichermaßen können die Schrift und Bilddaten, die gebraucht werden, mit den installierten oder bereitstehenden Daten verglichen werden. Das Programm ermittelt die vorhandenen und die fehlenden Teile. Die fehlenden Dateikomponenten müssen entweder vom Computer mühsam nachgebildet werden, mit zum Teil ärgerlichem Ergebnis, oder durch den Bediener vom Ursprungsauftrag-

Bild 44:
Report for „Workflow CTP.epsf"

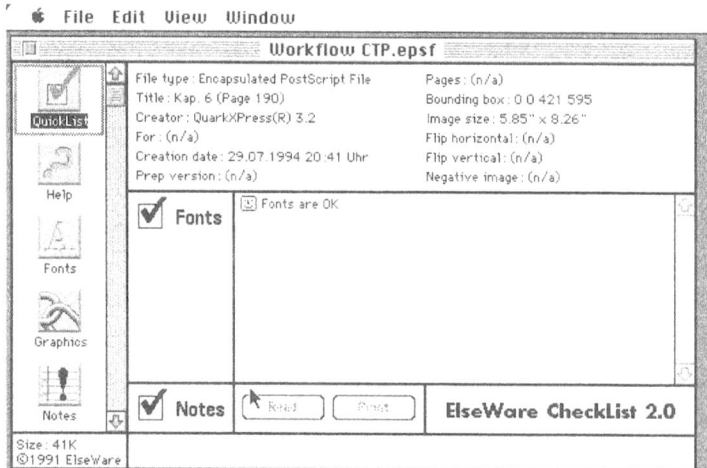

geber angefordert werden. Ein weitere nette Eigenschaft dieses Hilfsprogramms ist die Möglichkeit, komplette Dateien mit allen Inhalten, Bildern, Schriften und anderen wichtigen Informationen zur Weiterleitung an Dritte zusammenzustellen. Dabei komprimiert es diese Daten auch noch. Diese Funktion ist sehr nützlich, insbesondere bei der Archivierung, aber auch bei Tests von räumlich entfernter Hard- und Software.

Schriftmodifikationen
Sehr „beliebt" bei den Praktikern sind leichte Schriftmodifikationen, bei denen sich irgendein kreativer Mensch an einer durchaus bekannten Schrift ausgelassen hat, leider es aber versäumte, diese modifizierte Schrift entsprechend gekennzeichnet seiner Datei beizulegen. Selbst eine so gängige Schrift wie Helvetica oder Times kann dann nicht vom Computer abgerufen werden, sondern muß als Pixelmuster neu erzeugt werden oder, noch viel schlimmer, durch eine beliebige Hilfsschrift ersetzt werden. Daß dann Umbruch und Ausschuß nicht mehr stimmen, liegt auf der Hand. Versuchen Sie deshalb, auf Ihre Auftraggeber einzuwirken, daß Ihnen sämtliche Dateiinhalte in gesonderter Form, aber gleichzeitig mit der Hauptdatei zur Verfügung gestellt werden. Das schließt in jedem Fall Schriften und Bilder mit ein.

6.8 Die Notwendigkeit der Kalibrierung

Ein komplexes System wie CTP läßt sich nur dann produktiv einsetzen, wenn im vorhinein bestimmt werden kann, wie das Endergebnis aussehen wird. Da alle Komponenten unterschiedliche physikalische Eigenschaften für ihre Arbeit verwenden, zusätzlich viele Eigenschaften nur subjektiv zu bestimmen sind, ist die Herstellung der Übereinstimmung der wichtigsten Systemparameter unerläßlich. Erst recht gilt das für die Notwendigkeit zur Kalibrierung für Farbarbeiten.

Andere System-komponenten

Kalibrierung und Standardisierung

Frisch aufgestellte Bildschirme, Scanner, Proof-Drucker, RIPs und Plattenbelichter haben jeweils ihre eigenen Systemparameter. Während Scanner häufig nach dem Einschalten, durch interne oder externe Software, einen Standardisierungslauf durcheilen und manche Software sich selbst kalibriert, tun das wichtige andere Komponenten des Systems nicht. Kalibrierung ist dabei das Verfahren, die einzelnen Komponenten so zu justieren, um an jedem Ort der Prozeßkette bei gleichen Eingangsdaten die gleichen Ausgangsdaten zu erzeugen.

Beim Scanner sind das die standgenaue Zuführung der Vorlage und Schärfe sowie die Farbbalance. Beim Bildschirm sind Farbton und Farbbalance zu justieren. Der Farbton wird dabei über den Gammawert eingestellt. Ein Gammawert von 1 bedeutet eine lineare Wiedergabe der Farbtöne. Da das menschliche Auge aber die Abstufungen der Farbtöne logarithmisch wahrnimmt, wird dies am Bildschirm durch Erhöhung des Gammawertes simuliert.

Farbseparationsprogramme sind so kalibriert, daß die Umwandlung von RGB in CYMK korrekt durchgeführt wird. Sie müssen und können dabei auch auf die jeweiligen Ein- und Ausgabegeräte Rücksicht nehmen, d.h. deren Parameter berücksichtigen.

1993 wurde auf Initiative der FOGRA in München das International Color Consortium, kurz ICC, ins Leben gerufen. Mitglieder sind neben der FOGRA, Firmen wie Agfa, Adobe, Apple, Kodak, Microsoft, SUN und Silicon Graphics. Ziel des ICC ist es, für alle verbindliche Regeln für ein systemübergreifendes Color Management zu schaffen. Dazu gehören die folgenden verbindlichen Definitionen:

1. Digitale Farbe

2. Eine brauchbare Daten-Architektur

3. Ein Profilformat für den Datenaustausch

6.8 Kalibrierung

Eine wesentliche Erleichterung sind dafür Softwarestandards, bei Apple Computer inzwischen sogar auf Betriebssystemebene, welche die Einstellparameter für viele Bildschirme, Drucker, Belichter etc. vorgeprüft bereithalten. Ein Angebot dazu ist ColorSync® von Apple. Es nimmt die Anpassung der ans System angeschlossenen Komponenten nach festen Regeln und den eigenen Datenwerten vor. Um das zu erreichen, müssen der Kalibrierungssoftware die Farbprofile – also spezielle Beschreibungen der Systemeigenschaften – für die zu kalibrierenden Komponenten vorliegen. ColorSync verwendet als Basis dazu das standardisierte CIE-1931-Farbmodell. Jedem Bildpunkt (Pixel) sind entsprechende Werte auf den Koordinaten des Farbraumes nach CIE (siehe auch Bild 45, CIE-Farbraum) zugewiesen. Diese Koordinaten sind für jedes Original gleich, egal von welchem Scanner es abgetastet wurde oder an welchem Bildschirm es erstellt wurde.

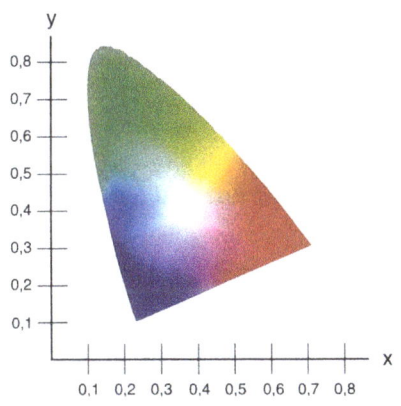

Bild 45:
CIE-Farbraum der sichtbaren Farben

Es wird also durch geeignete Maßnahmen erreicht, daß die Bildschirmfarbe sich so verhält wie die spätere Druckfarbe oder die Ausgabe auf Photo CD (YCC-Farbraum) oder CD-ROM (RGB-Farbraum). Sie erhält so, durch den Zwischenschritt in den CIE-Farbraum und die Zuordnung zum gespeicherten Drucker-, Scanner- oder Monitorprofil genau die richtigen Pixelkoordinaten für Bildschirm und Drucker.

Am Bildschirm muß ja bei der Bearbeitung vor dem Druck der gleiche Eindruck entstehen wie auf dem Proof-

**Andere System-
komponenten**

Bild und später auf dem bedruckten Papier oder irgendeinem anderen Vervielfältigungsmedium. Daß dies nur bedingt gelingen kann, ist spätestens dann klar geworden, wenn die Forderung besteht, aus einem Farbdia ein möglichst gleichartiges, identisches Druckbild zu erzeugen. Hier muß und hier wird ein Kompromiß nötig sein. Der Farbinhalt des Dias ist größer, als was je mit Druckfarben auf Druckerpressen erreicht werden kann.

Wem die Genauigkeit der Kalibrierung, die Apple bereitstellt, nicht ausreicht, kann durch den Einsatz von Farbmanagement-Systemen anderer Hersteller sein Spektrum erweitern oder ergänzen. Zu erwähnen sind u.a. EFI mit EFI Color®, Agfa Fototune® oder Colorsense® von Kodak.

Das Bild 46 zeigt ein IFRA-Testbild, wie es heute für Zeitungen digital verfügbar ist. Es ist ein gut durchgearbeitetes Muster zur durchgängigen Eichung aller Systemkomponenten.

Heute werden für die Kalibrierung von Bildschirmen und anderen Komponenten des Systems div. Kalibriersysteme angeboten. Die billigsten kosten einige 100,- DM. Die teuersten liegen bei 50 TDM bis 120 TDM. Die billigen Lösungen eignen sich im allgemeinen nur dazu, die Notwendigkeit der Standardisierung und Kalibrierung deutlich zu machen. Sie sind aber überwiegend nicht zum professionellen Gebrauch geeignet. Die Kalibriernotwendigkeit entfällt natürlich, wenn ausschließlich Schwarzweiß-Texte oder -Halbtonvorlagen zu verarbeiten sind.

6.8 Kalibrierung

Bild 46:
Digitaler IFRA-Test im
PS-Format

Kapitel 7

Die Menschen und die Betriebe

ehr noch als die vorausgegangenen Kapitel spiegeln die jetzt folgenden Aussagen und Anmerkungen die persönliche Meinung des Autors und nur diese wider. Sie sollen zum Nachdenken anregen, indem Tatsachen gegen Vermutungen und Optimismus gegen Unbehagen und Pessimismus gesetzt werden. Trotzdem, die Gabe die Zukunft exakt vorauszusehen hat – vielleicht glücklicherweise – bis heute kein Mensch auf dieser Erde.

Die konventionellen Aufgaben

Tätigkeiten und Profile

Während heute in den Druckereien fast überall die einzelnen Gewerke getrennt arbeiten, wird sich mit der Einführung von „Computer to..." -Techniken eine deutliche Verdichtung der Aufgabengebiete ergeben. Heute haben wir in den Reproanstalten oder angeschlossenen Reproabteilungen von Druckbetrieben eigene, gut ausgebildete Fachleute mit entsprechenden speziellen Kenntnissen. Sie werden zum Beispiel für Arbeiten an Hochleistungsscannern eingesetzt oder für die professionelle Verarbeitung von Bild- und/oder Textdaten in großen oder mittleren DTP-Systemen. Es ist übrigens noch gar nicht so weit verbreitet, daß eine Ganzseite komplett elektronisch erstellt und auf einen Schlag über den Imagebelichter ausgegeben wird.

Die so z.T. mit erheblichem Aufwand erzeugten Arbeiten werden meistens über entsprechende Text- oder Imagebelichter auf Film ausgegeben. Die erzeugten Filme werden dann gründlich geprüft und nach entsprechender

Menschen und Betriebe

Freigabe als Arbeitsunterlage an die Kopierabteilung einer Druckerei weitergereicht. Diese läßt sie zusammen mit anderen Teilstücken oder auch ganzen Seiten in die Montage einfließen.

Besonderes Augenmerk wird in der Montage auf die passergenaue Zusammenstellung von Farbseiten gelegt. Eine Arbeit, die viel Erfahrung, hohe Konzentration und gute Augen erfordert. Die Montierer bringen die Seiten, entsprechend dem vorgezeichneten Ausschießschema oder Teile davon, in die richtige Folge und in der richtigen Position und Lage auf den Bogen.

Nach der Fertigstellung der Montage wird sehr häufig eine Blaupause erzeugt, die u.a. zur Abnahme durch den Kunden dient. Ist die Blaupause abgenommen und der fertige Bogen montiert – entweder von Hand oder durch den Einsatz von Kopiersystemen, z.B. Repetierkopiermaschinen oder Projektionsmontageanlagen – so werden mit diesen Vorlagen die Offsetplatten direkt oder indirekt belichtet. Bei diesen Arbeiten, durchgeführt durch den Kopierer, wird auch darauf geachtet, daß sämtliche benötigten Passermarken, Prüfkeile und andere Druckanweisungen auf die Platte und an die richtige Stelle gebracht werden.

Der Drucker übernimmt die aus der Kopierabteilung erzeugten Druckplatten und setzt sie zur richtigen Zeit und an die richtige Stelle in seine Druckmaschine ein. Zuvor wird er im allgemeinen den Bildinhalt der Druckplatte über einen speziellen Scanner abtasten, um auf diese Weise eine automatische Farbführung der Druckfarben zu erhalten.

Wir haben also die folgenden Berufsbilder, die sich heute die Arbeit für das Erzeugen eines Bogens, besser einer Druckform, teilen:

- den/die Reprograf(in)

- den/die Setzer(in)/DTP-Spezialist(in)

- den/die Montierer(in)

- den/die Kopierer(in)

- den/die Drucker(in)

Es ist klar zu erkennen, daß zumindest die Aufgabengebiete des Reprografen, der DTP-Spezialisten, des Kopierers und des Montierers sich beim Einsatz von „Computer to Plate"-Systemen stark überschneiden werden. In vielen Fällen werden diese Aufgaben sogar zu einem Arbeitsplatz zusammenfallen. Auf einmal, so scheint es, werden Allroundkönner mit Repro-, DTP-, Montage- und Kopiekenntnissen gebraucht. Auch gute Kenntnisse der eingesetzten Druckmaschinen und ihrer Parameter könnten nichts schaden.

Wo gibt es diese Spezialisten heute? Manchen wird diese Frage rhetorisch erscheinen. Er hat recht, die Frage ist rhetorisch. Fertige Spezialisten, mit all diesen Kenntnissen gibt es eben (noch) nicht. Aber, und das ist der Sinn dieser Auflistung, sie müssen geschaffen werden. Sie müssen geschaffen werden mit Hilfe der Betriebe, der Berufsschulen, der Verbände, aber auch der Gewerkschaften mit externen und internen Schulungen.

Es sollte auch festgehalten werden, daß diese hohe Anforderung an das Können der einzelnen sicher nicht von heute auf morgen ausbricht. Aber es kann sicherlich niemanden verwundern, daß mit der Einführung von hochkonzentrierten Arbeitsplätzen dieser Art eine Reihe von konventionellen Arbeitsplätzen wegfallen werden, während gleichzeitig die Anforderungen an das Know-how und die Einsatzfreude des verbleibenden Arbeitsplatzinhabers steigt. An anderer Stelle, und darauf werden wir noch einmal gesondert eingehen, werden aber gleichzeitig viele neue Arbeitsplätze entstehen.

Es muß auch verstanden werden, daß der Wandel, der mit der Einführung der „Computer to ..."-Techniken ausgelöst wird, nicht nur Schattenseiten für die Arbeitsplätze haben wird. Er schafft auch neue Möglichkeiten. Und nach Meinung des Autors doch eine ganze Menge.

Menschen und Betriebe

Morgen, nach Einführung von „Computer to ..."-Techniken auf breiter Front, werden von den Betreibern dieser Einheiten sowohl Repro-Kenntnisse verlangt werden, als auch in größerem Umfang DTP-Kenntnisse. Darüber hinaus sind Kenntnisse aus der jetzigen Kopie und Montage dringend vonnöten, da ohne dieses Wissen eine sinnvolle Arbeit an den Workstations nicht möglich sein wird.

An dieser zentralen Stelle fließen die Aufgaben zusammen, die die Reproabteilung bisher zur

- Kompensation von Überfüllungen/Unterfüllungen und möglichen Tonwertzunahmen

wahrgenommen hat, mit den Anforderungen, wie sie von der

- Art der Vorlage her, mit ihren Bildinhalten Kontrasten und Farbzusammenstellungen

bisher von der Werbeagentur oder der Reproanstalt erzeugt wurden. Darüber hinaus fließen noch weitere druckereispezifische Parameter hinein, wie ein eventuell notwendiger Ausgleich nichtlinearer Verzerrungen, um irgendwelche Schrumpfprozesse beim Abdruck auszugleichen, siehe Bild 47.

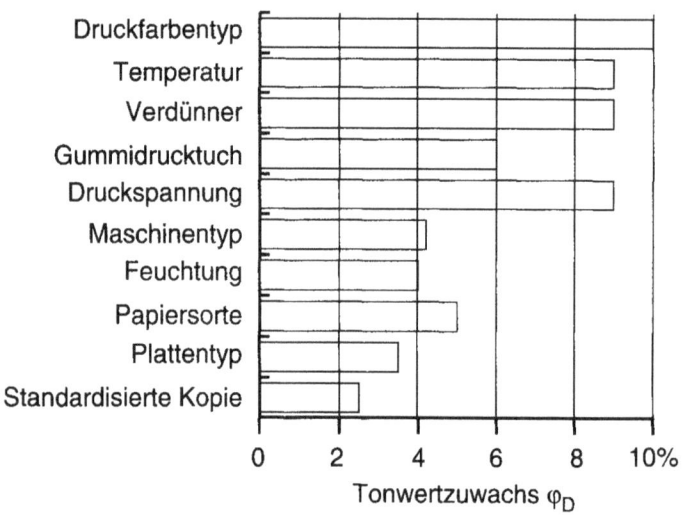

Bild 47:
Einflußgrößen auf die Tonwertzunahme

Das muß erkannt, vorbedacht und professionell berücksichtigt werden. Es muß noch einmal an dieser Stelle gesagt werden, daß diese verschiedenen, hochwertigen Kenntnisse aus den unterschiedlichen Gewerken nicht von heute auf morgen zur Verfügung stehen werden. Die Betriebe werden aber gut daran tun, durch entsprechende innere oder äußere Schulung ihre Mitarbeiter auf diese Anforderung vorzubereiten.

Wer kommt denn für diese Aufgaben in Frage?
Grundsätzlich kann man festhalten, daß jeder, der in seinem Fach ein erfolgreicher Experte ist, auch diese zukünftigen Aufgaben meistern wird. Vorausgesetzt, sie oder er haben keine Scheu vor neuen Techniken und haben sich daran gewöhnt, mit Computern, Bildschirmen und Datenspeichern umzugehen. Es ist gleichwohl zu erwarten, daß aufgrund der Trägheit der Menschen und des Beharrungsvermögens an Althergebrachtem bei zunehmendem Alter sich überwiegend jüngere Leute für diese Aufgaben qualifizieren werden. Es werden auch hier die 3 starken Argumente vorherrschen:

- Das haben wir noch nie so gemacht!

- Das haben wir schon immer so gemacht!

- Da könnte ja jeder kommen!

Aber niemand wird verbieten, daß auch ältere Mitarbeiter sich neu qualifizieren und sich diesen Aufgaben und Anforderungen widmen, vorausgesetzt sie wollen das.
Die Lektüre dieses Buches ist schon ein gutes Zeichen für geistige Beweglichkeit.

Wie ist das zu machen?
Die Betriebe sollten jede Gelegenheit nutzen, ihre Mitarbeiter vorausschauend auf einführende und weiterführende Schulungen im Bereich der digitalen Reproarbeiten und des DTP zu schicken. Dies sollte nicht begrenzt werden auf die eigentlichen Mitarbeiter in diesen Bereichen, sondern auch

Menschen und Betriebe

ausgedehnt werden auf Mitarbeiter aus der Kopie, der Montage und der Druckerei.

Selbstverständlich ist das eine hohe Anforderung an Arbeitsplatzflexibilität und auch an die Kosten. Sie wird sich aber in jedem Falle in der unmittelbaren Zukunft auszahlen. Nur auf diese Weise und bei genügender Geduld und Voraussicht ist zu erwarten, daß die komplexen Anforderungen, die „Computer to ..."-Techniken – Arbeitsplätze erfordern, von den Mitarbeitern gern aufgegriffen und von allen Beteiligten erfolgreich beherrscht werden können. Ein sinnvolles, scheuklappenloses Heranführen an die Probleme, z.B. durch die Betriebsleitungen oder die Unternehmer, hilft sicherlich, die Akzeptanz dieser Technologie zu erhöhen, vielmehr als eine Hau-Ruck-Einführung mit drohend erhobenem Zeigefinger. Nur mit Überzeugung kann man für alle Beteiligten zu einer zufriedenstellenden Lösung kommen.

Verschwinden durch CTP Arbeitsplätze?
In Deutschland gibt es heute vielleicht 12.500 professionelle Druckereibetriebe, die ihre Produkte am Markt verkaufen. In West-Europa werden es etwa 60.000 Betriebe sein. Der Löwenanteil, manche sprechen von 75% bis 80%, wenden heute das Offsetverfahren an. Alle brauchen Druckplatten. Früher oder später werden diese Druckplatten durch Methoden des „Computer to Plate"-Verfahrens erzeugt oder, auch das wird noch umgangen, durch direkte Ausgabe in die Druckmaschine (Computer to Press).

Es ist nicht zu leugnen, daß mit der Einführung von derart hochverdichteten Arbeitsplätzen eine Reihe von Arbeitsplätzen, die bisher klassisch konservativ durchgeführt wurden, wegfallen werden. Die Druckerei, die es als eine der ersten schafft, sich rechtzeitig auf diese Trends einzustellen, wird durch Zunahme an Arbeitsvolumen leicht in der Lage sein, die weggefallenen Arbeitsplätze durch neue Arbeitsplätze zu kompensieren. Gleichzeitig werden aber auch bisher selbständige Dienstleister wie Reproanstalten und Satzhersteller erkennen, daß die Wertschöpfung, die sie bisher durch die Erzeugung von Satz- und Reproarbeiten auf

Film geleistet haben, zum Teil wegfällt oder zumindest gemindert und auf längere Sicht gefährdet wird. Sie werden sich ganz intensiv um diese neuen Technologien bemühen müssen, um ihrerseits die Wertschöpfung im Haus zu behalten. In diesen Betrieben entstehen durch CTP Ersatzarbeitsplätze oder häufiger auch zusätzliche Arbeitsplätze.

Mehr Servicebetriebe als heute werden sich der Erstellung von Druckplatten für ortsansässige Druckereien widmen. Druckereien, die sich davor scheuen, die relativ hohen Kosten von CTP zu investieren und die Anforderungen von CTP an die Mitarbeiter zu erfüllen, werden aber trotzdem Druckplatten brauchen. Dadurch werden auch an dieser Stelle Arbeitsplätze entstehen und sich die Anzahl von Arbeitsplätzen erhöhen.

Überall dort, wo sehr enge Anforderungen bestehen zwischen Fertigstellung der Druckplatte und dem Anlauf der Druckerpressen, bedingt durch die hohen Stillstandskosten von Rollenmaschinen beispielsweise, werden Druckereien versuchen, diese Leistung ins Haus zu holen. Und damit Arbeitsplätze neu errichten, die sie bisher nicht hatten oder vor längerer Zeit aufgrund der Kostensituation im Satz- und Reprobereich abgebaut haben. Diese Arbeitsplätze entstehen aber im Austausch zu den konventionellen Stellen, der Montierer und Kopierer. Der Nettoeffekt wird daher häufig negativ sein.

Bei den anderen Betrieben, und das dürfte die absolute Mehrzahl sein, wird man sehr sorgfältig abwägen müssen, ob man sich diese Technologien ins Haus holen will oder ob man nicht auf das Angebot von Dienstleistern zurückgreifen kann. Clevere Dienstleister werden deshalb versuchen, sich einen Kundenkreis aufzubauen von Betrieben, die ihre Druckplatten auf digitaler Basis komplett bei Ihnen beziehen wollen. In kurzer Zeit eine entsprechende Logistik zur sicheren Versorgung der angeschlossenen Betriebe aufzuziehen, ist sicherlich nicht leicht, aber auch nicht unlösbar.

Die maschinelle Ausstattung mit CTP läßt sich dann durch Aufträge vieler Kunden leichter amortisieren, und die Bedienung und das Erlernen von Besonderheiten ist dann an einem Betrieb mit mehreren Arbeitsplätzen konzentriert.

Menschen und Betriebe

Es ist also durchaus vorauszusehen, daß einerseits Arbeitsplätze in den Betrieben wegfallen werden, die bisher eine umfangreiche Reproabteilung sowie Montage und Kopie unterhalten haben, auf der anderen Seite Arbeitsplätze dort hinzukommen, wo einstufige Betriebe, Druckereien also, die bisher keinerlei Satz und Repro im Hause hatten, dieses einführen werden, weil „Computer to ..."-Techniken es sinnvoll machen und verlangen. Darüber hinaus werden neue Arbeitsplätze dort entstehen, wo Reproanstalten und Satzhersteller ihre Dienstleistung nicht abgeben möchten, sondern durch die Hinzunahme von Plattenherstellung für Dritte ihr Angebot erweitern möchten. Einzig das Gefühl von Sicherheit und die Möglichkeit der schnellen Versorgung mit Platten, bei natürlich konkurrenzfähigen Preisen, wird die Betriebe davon abhalten, auf das Angebot dritter Dienstleister einzugehen. In sehr vielen Fällen wird es jedoch angenommen werden.

Die Personalkosten pro Arbeitsplatz

Wie im Vorgesagten erläutert, dürfte die Zahl der Arbeitsplätze im einzelnen Betrieb beim Einsatz von „Computer to ..."-Techniken gegenüber der konventionellen Fertigung zurückgehen. Gleichzeitig ist zu erwarten, aufgrund der hohen Anforderung an das Know-how dieser Mitarbeiter, daß die Kosten für den einzelnen Mitarbeiter gegenüber heute steigen werden. Wie hoch sie steigen, hängt letztendlich von der Nachfrage nach Personen und Kenntnissen ab. Sie dürften aber sicherlich höher sein als heute.

Der Betrieb im Transit

Wie steht es nun um die Betriebe, die nicht genügend digitale Daten haben, um heute oder morgen voll auf die neue Technologie zu setzen? Die heute, morgen und vielleicht auch noch übermorgen eine Fülle von analogen, konventionell auf Papier oder Film gebrachten Vorlagen zu verarbeiten haben? Nun, hier sind heute unternehmerische Entscheidungen gefragt. Entscheidungen mit Kenntnissen, Risikobereitschaft und Augenmaß. Nach Lektüre dieses und anderer Bücher oder Artikel kann der Kenntnisstand erweitert werden. Bei komplizierten, qualitativ anspruchsvollen Aufträgen im Vierfarbbereich sind sicher noch auf lange Zeit hybride Lösungen angebracht. Auch sie erfordern ein vielfältiges Know-how bei der Verarbeitung digitaler Vorlagen, verlangen aber auf der investiven Seite nicht so hohe Vorleistungen.

Hybride Lösungen sind hervorragend geeignet, die Schwellenangst der Mitarbeiter abzubauen und intern die geeigneten Mitarbeiter auf neue Aufgaben vorzubereiten. Unter Umständen müssen für diese Fälle auch neue Mitarbeiter eingestellt werden. Deren Kosten müssen natürlich den Gesamtvorstufenkosten hinzugerechnet werden. Sie können aber als vergleichsweise preiswerte Eintrittskarte in den „digitalen Klub" verstanden werden und als unabdingbare Investition in die eigene betriebliche Zukunft.

Kapitel 8

Andere digitale Verfahren und Ausblicke

Wir alle wissen, daß die technische Entwicklung sehr schnell geht. Manchmal kann man schon das Gefühl bekommen, daß wir dabei sind, uns selbst zu überholen.

Der einzelne hat allerdings nur die Chance, sich aus dieser schnellen Entwicklung auszuklinken oder zu versuchen, den Überblick zu behalten, um für sich und seine Aufgaben das Richtige daraus abzuleiten.

Die Kapitel 1 bis 7 haben, soweit es dem Autor möglich war, einen Überblick über den derzeitigen Stand der „Computer to ..."-Systemtechnik und der daraus resultierenden Anforderungen an Betriebe und Menschen gegeben. Damit ist, sozusagen als Blitzlichtaufnahme, der heutige Zustand beschrieben worden. Er wird sich in den nächsten Jahren noch erheblich ändern. Welcher Art diese Änderungen vermutlich sein werden, davon soll dieses Kapitel handeln.

Heidelberger Quickmaster 46 DI
Mit der Vorstellung der GTO-DI, 1992, hat Heidelberger Druckmaschinen in Zusammenarbeit mit Presstek einen gewaltigen Sprung nach vorn in der Direktausgabe der Daten auf den Druckzylinder gemacht. Es ist eine konsequente Fortsetzung des Gedankens, die Daten nur noch einmal auszugeben, nämlich dort, wo die Vervielfältigung gefragt ist. Zusätzlich wurde eine spezielle trocken druckende Offsettechnik – direkt von der Vorratsrolle – auf Polyesterbasis eingeführt. Alle diese Techniken zusammen haben den Anwender und öfter auch den Hersteller überfordert. Sie führten häufiger zu Problemen, was im nachhinein

Andere digitale Verfahren, Ausblicke

auch nicht verwunderlich war. Umso mehr muß man den Mut und die Bereitschaft der Drucker bewundern, diese fortschrittliche Technik des Hauses Heidelberg durch Käufe zu honorieren. Das hat Heidelberg ermutigt 1995 die Quickmaster DI nachzuschieben. Auf Anhieb wurden von dieser Maschine allein 1995 an die 600 Stück verkauft. Mehr als alle Anbieter von CTP Systemen, oder auch digitalen Kopiersystemen, wie Indigo und Xeikon, in ihren Orderbüchern hatten. Es ist müßig, über die Beweggründe der Käufer der ersten Stunde zu spekulieren. Allein die Zahl zeigt, daß der Markt für diese Technologie reif ist. Wenn auch einige Anwender die Schwierigkeiten, die darin stecken, massiv unterschätzen.

Die Quickmaster DI, wie auch die GTO-DI, ist eine kleinformatige Vierfarbpresse, deren Zylinder mit einer direkt belichteten Druckfolie im Trockenoffsetverfahren beschickt werden. Das maximale Format ist 460 x 340 mm, von denen 440 x 330 mm belichtet werden können. Die Belichtung wird durch 16 IR-Laserdioden je Druckzylinder besorgt, deren Licht über Glasfaserbündel aufgefangen und aufgeteilt wird, so daß eine Auflösung von 100 Punkten pro mm oder 2540 dpi erreicht werden. Die Herstellung dieser Glasfaserbündel und die Anbindung an die Laserdioden ist technologisch sehr anspruchsvoll und nicht gering einzuschätzen. Zusätzlich wird das über die Glasfasern aufgeteilte Licht über den RIP an- bzw. abgeschaltet, damit die Polyesterfolie an den richtigen Stellen belichtet wird bzw. unbelichtet bleibt.

Aus einer Vorratsrolle werden die unbelichteten Druckfolien entnommen und vor der Belichtung im Zylinder automatisch aufgespannt. Als RIP dient ein Harlequin RIP auf einer ALPHA DEC-Hardwareplattform mit 233 Mhz Taktfrequenz. Bedingt durch das kleine Format, die schnelle Hardware und den automatischen Folienwechsel, dürfte die Aufzeichnung aller Farben in weniger als 10 Minuten beendet sein. Dann ist die Maschine druckbereit. Aufgrund dieser kurzen Rüstzeit gibt Heidelberger Druckmaschinen an, daß sich das System ab ca. 375 Bogen zu rechnen beginnt. Die folgende Grafik zeigt den Zusammenhang zwischen Kosten und Auflage deutlicher, auch wenn aus guten Gründen die Kostenachse nicht eingeteilt ist.

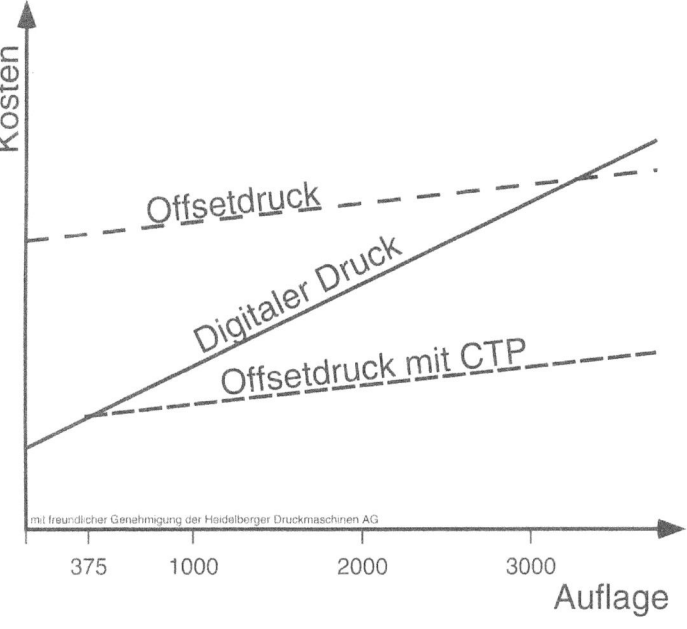

Bild 48:
Kostenvergleich
Digitaldruck zu
Offsetdruck

Da es sich hier aber um relative Kosten handelt, ist auch die Relation zwischen den Vervielfältigungsarten wichtig. Weil es sich bei diesem System um echten Offsetdruck handelt, auch wenn mit Trockenoffset und polysterbasierten „Platten"- erhältlich von nur einem Hersteller – durchaus weiteres Neuland beschritten wurde, so ist die Begeisterung der Drucker für dieses System zu verstehen. Vieles was man schon kennt, findet man wieder, die Endqualität ist Offset like und den Rest wird man auch noch lernen. Nun, vor den Erfolg haben die Götter den Schweiß gesetzt, sagt das Sprichwort. Das Verstehen des Gesamtsystems ist auch beim Einsatz dieser Maschine Voraussetzung für ihre effiziente Nutzung.

Indigo E 1000 und Xeikon

Indigo gebührt das Verdienst, der Welt mit Donnergetöse die erste digitale Vierfarb„presse" im September 93 vorgestellt zu haben. Dicht gefolgt von der Xeikon, einem Agfa Spin Off. Mit diesen Machinen wurde die Bedienung eines neuen,

Andere digitale Verfahren, Ausblicke

in seinen Umfängen sich gerade erst abzeichnenden Marktes möglich: der hochwertige vierfarbige Kleinauflagendruck.

Experten, wer immer sie auch sein mögen, schätzen diesen Markt für die USA und Europa auf ca. 40 Milliarden $ ein. Es entzieht sich meiner Kenntnis, wer diese Zahlen zusammengetragen hat und ob sie auch nur annähernd stimmen. Beflügeln mag eine Prognose der Heidelberger Druckmaschinen AG aus dem Jahre 1996 gewirkt haben, die unten abgebildet ist. Sie verheißt dem kleinformatigen Druck ein doppelt so hohes Wachstum wie dem Offsetdruck insgesamt.

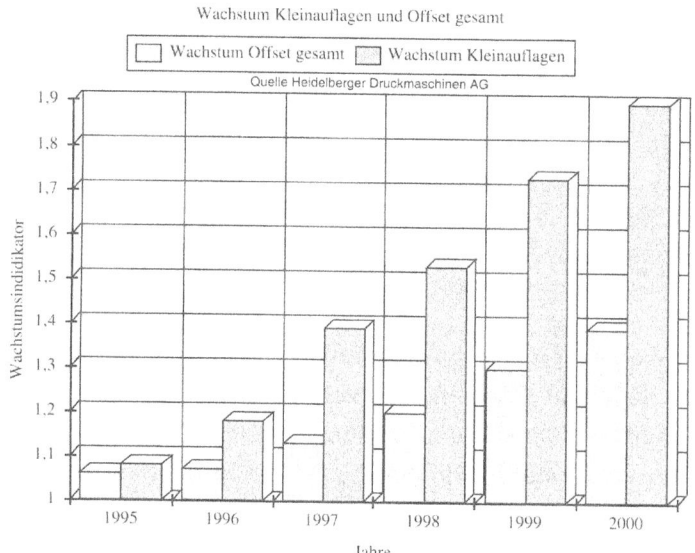

Bild 49:
Wachstum Kleinauflagen

Tatsache bleibt, daß die Menschen Bedrucktes lieber schön als häßlich und lieber bunt als einfarbig haben. Aus diesen Gründen allein ist eine hohe Nachfrage nach preiswerten qualitativ hochwertigen Drucksachen mit geringer Auflage zu erwarten.

Daß es sich bei den genannten Systemen weniger um druckende Systeme handelt, sondern um Toner verwendende Kopiersysteme mit Naß- oder Trockentoner, ist erst einmal nur für den Fachmann wichtig. Tatsache ist, daß, ähnlich wie die Kopierer die Nachfrage nach hochwertig Bedrucktem stimuliert haben, diese Systeme die Nachfrage nach

Andere digitale Verfahren, Ausblicke

hochwertigen Drucksachen in kleinen und sehr kleinen Auflagen stimulieren werden.

Die Auflösung liegt bei beiden Systemen inzwischen bei 800 dpi. Für mittlere Ansprüche durchaus ausreichend. Indigo gibt eine Durchsatzrate von 8000 Seiten im Format A4, einfarbig bedruckt, und 2000 Seiten gleichen Formates in 4C an. Jede Seite kann individuell anders sein, als die vorhergehende, also bei kleinen Mailings durchaus ein Vorteil. Anders als Druckmaschinen herkömmlicher Bauart, die ja nur drucken, sind bei Indigo und bei Xeikon die Weiterverarbeitungsschritte wie zusammentragen, falzen, binden und schneiden mit abgedeckt. Als Resultat erscheint am Schluß die komplette Broschüre.

Das schweizerische UGRA-Institut hat es vor einiger Zeit unternommen, die verschiedenen digitalen Drucksysteme kostenmäßig einander gegenüberzustellen. Dem interessierten Leser sei ein genaues Studium der Ergebnisse empfohlen.

Die CD-ROM

Auch die CD-ROM gehört zu den neuen digitalen „Druckmedien". Auch wenn ihr Herstellprozeß vom Bedrucken bekannter Druckstoffe deutlich abweicht. Aber wegen ihrer zunehmenden Bedeutung muß ausführlicher auf die Besonderheiten und Anforderungen eingegangen werden.

Die CD-ROM wurde in ihrem Ursprung 1981 von Philips in den Niederlanden erfunden. Ursprünglich gedacht als Transportmedium für analoge Töne und später Videoaufzeichnungen. Philips hatte schon eine ganze Anzahl von Jahren (genauer gesagt seit 1972) mit auf Laser basierenden Aufzeichnungs- und Wiedergabesystemen experimentiert und 1973 die erste Laserdisk der Öffentlichkeit vorgestellt. Diese hat sich, trotz erheblicher Vorteile gegenüber den auf Magnetband basierenden Videosystemen, nie recht durchsetzen können. Anders die Compact Disc, kurz CD-(ROM) genannt. Geschicktes Marketing, verbunden mit dem Produktions-Know-how von Sony und

Andere digitale Verfahren, Ausblicke

Philips, machten aus dieser Technik und in nur 8 Jahren die dominierende Audiotechnik der Welt.

1986 begann das Haus Microsoft auf einer Konferenz in Seattle, zusammen mit vielen anderen, die wichtigsten Standards für eine digitale CD festzulegen. Die daraus resultierende Technik ist heute für alle verfügbar und die Basis aller CD-ROM. Die Vorzüge der CD-ROM aus der Sicht der Hersteller waren ja auch sehr vielfältig:

- Großes Fassungsvermögen an digitalen Daten mit 650 MB

- Vergleichsweise schneller Zugriff auf Daten mit ca. 350 ms (heute bereits um100 ms mit 6 x Speed Laufwerken)

- Einfache Produktion aus heutiger Sicht

- Geringe Distributionskosten im Versand

- Gute Möglichkeit über das bedruckte Papier hinauszugehen
  mit:
      Animation
      Audio
      Interaktivität
      Berechnungen durch Computer bei numerischer Auswahl
      Datenbankeinsatz

Ein eindeutiger Nachteil war, daß zu dieser Zeit kaum ein PC über ein CD-Laufwerk verfügte. Also ein typisches Henne-Ei-Problem. Was war/ist zuerst da? Die Teilnehmer der Seattle-Konferenz lösten dieses Problem durch massive Subventionierung der Käufer bei der Beschaffung von PCs mit CD-Laufwerken bzw. beim Nachbestücken vorhandener PCs. Plötzlich sanken die Preise für CD-Laufwerke in den Keller. Heute stehen in deutschen Büros und Haushalten 9 Millionen PCs mit 3 Millionen CD-Laufwerken. Tendenz

Andere digitale Verfahren, Ausblicke

stark steigend. Ca. 1000 CD-ROM-Titel werden jährlich veröffentlicht, Tendenz ebenfalls stark steigend.

Mit dem Erkennen der Möglichkeiten der CD, insbesondere bei der Kopie und Distribution, dem Inhaber der Daten viel Geld zu sparen, wuchs auch die Zahl der Versuche alles und jedes über CD-ROM zu lösen. Die unerquickliche Folge ist das Vorhandensein von 9 verschiedenen Standards, die es zu beachten gilt, wenn man eine CD-ROM-Produktion aufziehen möchte. Der Reihe nach aufgezählt sind es:
ISO 9600; CD-i; CD-ROM; Audio CD; CD-Plus; Hybrid CD; Macintosh HFS Mixed Mode CD; Photo CD; Video CD. Hinzu kommt als Neuestes: DVD (Digital Versatile Disc) mit 3 Unterformaten.

Die Herstellung der CD-ROM

Die Herstellung einer CD- ROM unterscheidet sich wesentlich von der Erzeugung von Drucksachen. Eine Binsenwahrheit!! Trotzdem ist die Funktion eines Presswerkes gar nicht so sehr verschieden von der Funktion einer Druckerpresse, zumal die technische Entwicklung auch die Herstellung kleiner Auflagen ab ca. 100 Stück durchaus auch ökonomisch sinnvoll zuläßt.

Die Erstellung des Inhaltes einer CD-ROM unter Benutzung eines gemeinsamen Datenbestandes für Printzwecke und die Vervielfältigung, bei zunächst kleinen Auflagen, sind noch sehr eng miteinander verknüpft. Bildlich gesprochen: Agentur, Reproanstalt und Druckerei sind bei der CD-ROM-Herstellung noch nicht so fein getrennt wie bei der Herstellung von Printmedien, sondern (noch) eng miteinander verzahnt.

Die folgende Tabelle zeigt einen typischen Ablauf der CD-ROM-Erstellung, der mit der Übergabe an das Presswerk endet. Dieser Zustand muß für fortschrittliche Drucker ja nicht Endzustand bleiben. Warum nicht auch die Errichtung von CD-Presswerken überlegen?

Tabelle 14:
Ablaufplan für eine
CD-ROM Produktion

Konzept entwickeln	Ideen sammeln: Was, wie, wann
Storyboard erstellen	Grobabläufe und Pfade festlegen
Projektmanagement	Übersichtscharts für Produktion einrichten
Datenbank einrichten	Daten sammeln und konsistent machen, in Enddatenformat konvertieren
Endformate festlegen	Windows, Mac, UNIX, Video etc.
Drehbuch erstellen	Genaue Liste aller Teilnehmer erstellen
Teil CD-Produktion beginnen	Interaktionen erstellen, z.B. mit Apple Media Toolkit, oder Macromedia Director
Ergebnis prüfen	Darstellung auf PC, Mac, Video etc. prüfen; u.U. Interaktivität prüfen
Text und Cover	Entwerfen und drucken
Muster erstellen	Master CD produzieren
Kopien ziehen	Presswerk beauftragen

Der letzte Schritt ist heute in Mini- und Mittelauflagen ohne zu großen Investitionsaufwand möglich. Lediglich für Auflagen ab 1.000 Stück und größer muß in eine völlig andere und kostenmäßig hochwertige Technologie investiert werden. Also ist es nicht zu spät, in diese Produktion einzusteigen.

Technischer Ausblick

Die Anforderungen, die das Ausbelichten kompletter Bögen an die Systemtechnik stellt, werden immer höher, und bis an die Grenzen des Machbaren vorstoßen. Dies gilt insbesondere für die Rechner-Hardware und für die Übertragung der Daten durch Leitungen.

Hardware

Bei der Rechner-Hardware ist absehbar, daß die eingesetzten Prozessoren in drei Bereichen schneller werden. Diese sind:

- Die Taktfrequenz

- Die Datenstrombreite

- Die Parallelisierung der Rechnerkapazität

Die Taktfrequenz
Moderne PCs werden heute mit Taktfrequenzen von bis zu 300 MHz getaktet. PCs dieser Art gehören zu den schnellsten, die man heute am Markt kaufen kann. Dazu gehören Modelle von DEC, SUN, Silicon Graphics, Apple und anderen. Physikalisch dürfte die Grenze für erreichbare Taktfrequenzen – ohne Sondermaßnahmen – bei ca. 400 bis 500 MHz liegen. Gegenüber den schon erwähnten 300 MHz, die derzeit die obere Leistungsklasse auszeichnen, ist hier also noch einmal der Faktor 1,7 möglich, um den der Rechenprozeß zu beschleunigen ist.

Die Datenstrombreite
Der zweite Pfad zur Beschleunigung der Rechenprozesse liegt in der weiteren Verbreiterung des Datenstromes. Unter Breite des Datenstromes verstehen wir die Anzahl von Bits die der Rechner parallel, also pro Takt, abarbeiten kann. Hatten die ersten Rechner noch einen Datenstrom von 4 Bit und als PCs von 8 Bit (wer denkt noch an die seeligen Zeiten, als ein 8086er Rechner noch die Krönung so mancher Chef-Schreibtische darstellte), so hatten die ATs („AT" stand und steht für Advanced Technology) bereits 16 Bit Datenbreite.

Mit der Einführung der Macintosh 1984 wurden 32 Bit Datenstrombreite Standard. Jede Verdoppelung der Datenstrombreite entspricht mindestens einer Vervierfachung der Rechengeschwindigkeit, vorausgesetzt, daß die entsprechenden Speicherbausteine groß genug ausgelegt werden. Die angekündigten und bereits im Einsatz befindlichen RISC-Prozessoren von IBM, Apple und Motorola sowie von Intel geben eine Datenstrombreite von bereits 64 Bit vor. Sie ermöglichen auf diese Weise nochmals eine Vervielfachung der Rechengeschwindigkeit, bezogen auf die jeweiligen Vorgänger.

Andere digitale Verfahren, Ausblicke

Auch beim Datenstrom ist mit 64 Bit noch kein Ende. Wenn auch mit langsamerem Zeitablauf, ist eine weitere Verdoppelung auf 128 Bit möglich und wird innerhalb der nächsten 5-6 Jahre auch kommen. Eine weitere Verbreiterung dürfte an dieser Stelle der Entwicklung zugunsten der „massiven Parallelität" abgebrochen werden, da die Aufwendungen und Investitionen dafür dann schnell jedes vernünftige Maß übersteigen werden

Die Parallelisierung der Rechnerkapazität

Die dritte Quelle der Geschwindigkeitssteigerung liegt im Einsatz von mehreren Rechnern statt eines einzelnen für die Lösung der anstehenden Aufgaben. Besonders Bilddaten eignen sich, relativ unkompliziert, zur Parallelverarbeitung in digitalen Rechnern.

Wenn Sie sich erinnern: Wir haben bei der Beschreibung der RIP-Komponenten von Zusatzrechnern – Pixel-Burst-Prozessoren – gesprochen. Dieses Prinzip, der Addition von extra Rechenkapazität für bestimmte Aufgaben, kann man verallgemeinern, indem man statt eines Rechners zwei, vier, 16 oder noch mehr Rechner parallel an einem Problem arbeiten läßt.

Es gibt bereits erste käufliche Rechnertypen, unter anderem auch in Deutschland entwickelt von der Fa. Parsytec, Aachen, die 64 bis 1.024 Rechner parallel schalten und an Prozessen besonderer Art rechnen lassen. Die Schwierigkeit bei dieser Art Rechnerkopplung ist weniger die Rechnerkopplung an sich, sondern die zu verwendende Betriebssystemsoftware und das Programmieren selbst. Es ist ja einzusehen, daß es nicht so leicht ist, Probleme, wie sie täglich anfallen, so in handliche Portionen zu verteilen, daß sie parallel und ohne Beeinflussung des Nachbarrechners abgearbeitet werden können, um die volle Geschwindigkeitssteigerung zu nutzen. Vielfach verlangen die jeweiligen Teilprobleme auch einen Austausch der Zwischenergebnisse, der dann automatisiert, per Programm stattfinden müßte. Hier wird und muß noch viel Forschungs- und Entwicklungsarbeit betrieben werden, um Rechner mit „massiver Parallelverarbeitung", wie sie genannt werden, einsetzen zu können. Hardwaretechnisch sind die Probleme weitestgehend gelöst. Auch wenn an manchen Stellen noch besondere Leistungen erforderlich sind.

Aus diesen 3 Quellen werden sich bei der Hardware die Geschwindigkeitssteigerungen der eingesetzten Rechnerprozesse im wesentlichen speisen.

Doch gibt es darüber hinaus noch weitere Quellen, die zur Geschwindigkeitssteigerung herangezogen werden können. Sie werden sich in Zukunft noch stärker im Bewußtsein der einzelnen festsetzen. Diese sind:

- Größere Zentralspeicher

- Verbesserte Datenkompression

- Verbesserte Netzwerktechnologie

Zentralspeicher

Zentrale Speicherbausteine, die als RAM eingebaut werden, sind heute allen Technologie-Interessierten als der Leistungsmaßstab für eine hochwertige Chip-Industrie bekannt. Während vor wenigen Jahren die Chips noch 64 kb hatten sind wir heute bei 1 Mb und 4 Mb als Standard und bei bildverarbeitenden Systemen bei 16-Mb-Bausteinen. In weniger als einem Jahr werden 64-Mb-Chips auf den Markt kommen, gefolgt in ca. 2 bis 3 Jahren von 256-Mb-Chips. Es liegt auf der Hand, je größer der RAM-Speicher mit seinen 70 Milliardstel Sekunden Zugriffszeit (bezahlbar) werden kann, desto mehr läßt sich in diesen Speicher laden und mit kurzen Transferzeiten fast gleichzeitig abarbeiten. Erfreulicherweise lassen sich moderne Workstation im RAM-Bereich ohne große Umstände von klein auf groß aufrüsten.

Datenkompression

Bei der Besprechung der Datenkompression haben wir festgestellt, daß nur die verlustbehaftete Kompression, wie sie JPEG vorschlägt, zu großen Kompressionsraten führt, gleichzeitig das Bild aber doch sehr stark beschädigen kann. Diese Verfahren lassen sich noch erheblich verbessern.

Andere digitale Verfahren, Ausblicke

Professionell verfügbar werden in Kürze auch andere Kompressionsverfahren sein, die auf der Methode der fraktalen Geometrie basieren. Diese Systeme wurden bei der Programmierung von bildverarbeitenden Systemen im Video- und Sicherheitsbereich intensivst erforscht und angewendet. Auch stand der Einsatz von Marschflugkörpern im Ziel der Entwicklung. Methoden dieser Art sind jetzt zum Teil für die Verwendung in der Öffentlichkeit freigegeben worden. Sie erlauben, Bildkomponenten sehr stark zu komprimieren, ohne deswegen viele Verluste am Bildinhalt in Kauf nehmen zu müssen.

Die damit verbundene Mathematik ist aufwendig und bedingt zur erfolgreichen Durchführung sehr hohe Rechnerleistung bei gleichzeitig hohem Datendurchsatz. Mit der Verfügbarkeit schnellerer und sicher spezialisierter Hardware werden sich diese neuen Kompressionsverfahren auf breiter Front durchsetzen, da immer mehr anspruchsvolle Bilddatensätze verarbeitet und in hoher Qualität ausgegeben werden müssen.

Netzwerktechnologie
Auch die Netzwerktechnologie unterliegt einem stetigen, wenn auch nicht so schnellem Wandel. Waren die letzten 10 Jahre Ethernet-Netzwerke mit einer Nenndatenrate von 10 Mb/Sek. die übliche Lösung, so arbeiten diverse Gruppen von Normierungskomitees und technischen Entwicklungsbüros an Lösungen mit der 10fachen Durchsatzrate, Ethernet 100 genannt, oder an einem eleganteren Verfahren, dem ATM (Asynchronius Transfer Mode)-Netz.

Ein ATM-Netz erlaubt es, unsynchronisiert und auf Anfrage des einzelnen Senders oder Empfängers die Daten in kleinsten Paketen über die Leitungen zu schicken. Man erreicht bei gleichzeitig höherer Übertragungsfrequenz eine Datendurchsatzrate von ca. 150 Mb/Sek.

Daß dies nicht die absolute Grenze sein wird, ist auch bekannt; insbesondere, wenn man sich ins Gedächtnis zurückruft, daß der amerikanische Präsident die Einführung der Datenautobahnen zum nationalen Ziel erklärt hat.

Andere digitale Verfahren, Ausblicke

In Deutschland sind wir in der glücklichen Lage, die Einführung dieser Datenautobahnen bereits seit einiger Zeit durch die Telekom bereitgestellt zu wissen. Es fehlt allerdings noch die entsprechende Anschlußelektronik und die internationalen Standards zur Nutzung dieser extrem schnellen, auf Glasfaserverbindungen basierenden Netze. Datendurchsatzraten in diesem Netz (Bigfon genannt) dürften dann bei etwa 2,5 Gbit/Sek. liegen.

Datenspeicherung

Die Datenspeicherung unterliegt ebenfalls einem sehr schnellen Wandel. Haben wir uns noch vor kurzem über 20 MB-Festplatten gefreut und diese für mehrere Tausend DM eingekauft, so kann man für das gleiche (oder weniger) Geld heute Festplatten im GB-Bereich erhalten.

Die sogenannten Form-Faktoren, d.h. das Maß für die Baugröße der Festplatten, sind geschrumpft von ursprünglich $5\,1/4''$ auf nunmehr weniger als $2''$. Festplatten mit 100 oder 200 MB mit nur noch 5 cm ø sind heute schon Stand der Technik und können überall von der Ladentheke her gekauft werden.

Nach oben hin bieten Festplattenarrays die Möglichkeit schnellsten Zugriffs bei gleichzeitig riesigem Speichervolumen bis zu vielen Gigabyte. Die Preise dafür werden weiter deutlich fallen. Parallel dazu wird intensiv an der Verwendung von sogenannten MO-Plattenspeichern gearbeitet. MO steht für Magneto-Optische Speicherma-terialien. Sie basieren auf einer Abart der heutigen CD-Platte.

MO-Speicher sind optische Speicher, deren Speichereigenschaften über magnetische Felder an- oder abgeschaltet werden können. Sie eignen sich daher hervorragend für das Zwischenspeichern digitaler Daten und für die Archivierung. Derzeitige MO-Speicher haben eine Kapazität von 128, bzw. 256 MB, größere Speichermedien zwischen 630 MB und 1,23 Gbyte. Größer heißt in diesem Zusammenhang auch mechanisch größer. Die Speicher haben einen Durchmesser von $5\,1/4''$.

Andere digitale Verfahren, Ausblicke

Da diese Speicher als Wechselspeicher ausgelegt sind, ist die Frage der Normierung und Standardisierung besonders wichtig, weil die Wechselung natürlich nur dann Sinn hat, wenn in jedem beliebigen, aber passenden Laufwerk ein derartiger Speicher seine Daten einschreiben oder lesen lassen kann.

Ein Problem dieser Speicher besteht immer noch darin, daß die Zugriffszeiten zu den gespeicherten Daten vergleichsweise lang sind. Intensiv wird an besseren Konstruktionen zur Beschleunigung der Lese- und Schreibzeiten gearbeitet. Dies wir unter anderem dadurch erreicht, daß die schreibenden Laserköpfe von den lesenden Laserköpfen getrennt werden, um auf diese Weise die Massen, die zu bewegen sind, sei es über Spiegel, sei es über andere Einrichtungen, klein zu erhalten.

Heute haben diese Speicher etwa 30-40 ms mittlerer Zugriffszeit. Bereits angekündigt sind Laufwerke, die in den Bereich der magnetischen Festplatten vorstoßen, welche zwischen 9 und 15 ms Zugriffszeit liegen.

Mit der Einigung auf das DVD (Digital Versatile Disc) Format sind Speichermedien möglich, gebaut in Sandwichbauweise, die ein Fassungsvermögen von 4,3 bis 8,6 GB aufweisen.

Plattenspeicher dieser Bauart erreichen ohne weiteres noch mehr Gigabyte Inhalt und werden ein weiterer Weg sein, um in Zukunft hohe Datenmengen zwischenspeichern und auch wieder abzurufen zu können.

Offsetplatten

Die verwendeten Plattenmaterialien werden in ihrer Anwendungsvielfalt breiter werden. Für die verschiedenen Spezialzwecke wird man ebenso Spezialschichten anbieten können, die in der Praxis einfach und robust zu handhaben sind. Da die verwendete Technologie hinreichend bekannt ist, kommt es darauf an, die Schichten mit den Anforderungen zu verbinden, und den gerade gestarteten Entwicklungslauf nicht erlahmen zu lassen. Je mehr „Computer to Plate"-Anlagen installiert werden, je mehr Material verbraucht wird, desto schneller werden die Anbieter reagieren. Auch von dieser

Seite werden wir also mit einer Vielfalt von neuen Produkten rechnen. Die Einführung wird im Vergleich zur Hardwareentwicklung aber doch relativ langsam laufen.

Die wirtschaftlichen Änderungen
Wirtschaftlich gesehen werden die „Computer to Plate"-Systemkomponenten pro Einheit insgesamt wohl billiger werden. Allein die steigenden Stückzahlen machen preisgünstigere Kalkulationen möglich.

Aufgrund der steigenden Anforderungen seitens der Verwender an Menge und Daten-, aber auch an Plattendurchsatz, wird dieser Preissenkungseffekt häufig aufgefressen werden durch eine wesentliche Steigerung der Ansprüche an Bilddaten, Farbgenauigkeit und Durchsatzgeschwindigkeit. Die Palette der Problemlösungen wird aber auf jeden Fall weiter zunehmen und dem einzelnen weiterhin die Qual der Wahl überlassen.

Glossar und Stichwortregister

Kapitel 9

Im Technik- und Computer-Chinesisch werden viele Begriffe, Einheiten und Maße verwendet, die nicht unbedingt zum Umgangsdeutsch eines jeden gehören.

Die wichtigsten sollen hier vorgestellt und erläutert werden, es erleichtert die spätere Verwendung dieser Begriffe ungemein, wenn jeder versteht, was sie bedeuten.

9.1. Glossar

Äther
Ein mysteriöser Stoff der im 18. und 19. Jahrhundert, als Medium für die Fortbewegung von Licht, im gesamten Weltall vermutet wurde, da man sich anders die Fortpflanzung von Lichtwellen nicht erklären konnte.

ATM
Asynchronous Transfer Mode: Eine asynchrone, das heißt nicht zwangsgetaktete Übertragung von kleinsten Datenblöcken. Dieses Verfahren ermöglicht die Nutzung hoher Bandbreiten, die vom Versender selbst vorbestimmt werden, und damit die Übertragung größter Datenmengen über Draht, Funk oder andere Medien. Die Grenze liegt zur Zeit bei ca. 150 Mb/s.

1 Baud
1 bit pro Sekunde oder 1 bit/s; Maßeinheit (Bd)
   1 kilo Baud
   1 kBd sind 1.024 Bit pro Sekunde;Maßeinheit (kBd)

Binäre Zahl
Eine Zahl aus einem Zahlen-System zur Basis 2: z.B. 0 und 1; L und H. Normalerweise verwenden wir in der Umgangsarithmetik ein Zahlensystem zur Basis 10 und Zahlen von 0 bis 9.

Bit
Abkürzung von binary digit; Maßeinheit (b) binäre Zahl, 0 und 1, oder H und L, Ja und Nein.

1 kilo bit
1 kb sind 1.024 bit; Maßeinheit (kb)
1 Mega bit
1 Mb sind 1.024 kb; Maßeinheit (Mb)
1 Giga bit
1 Gb sind 1.024 Mb; Maßeinheit (Gb)

1 Byte = 8 Bit
Maßeinheit (B), kommt aus der Notwendigkeit der Darstellung von 256 Zeichen ($2^8 = 256$), die europäische Alphabete, mit allen Sonderzeichen, haben können. D.h. die Anzahl der gleichzeitig verarbeitbaren Bit wird als Angabe der Potenz zur Basis 2 verstanden. 8 Bit = 2^8 oder 256 Codiermöglichkeiten.

1 kilo Byte
1 kB sind 1.024 Byte oder 8.192 Bit; Maßeinheit (kB)
1 Mega Byte
1 MB sind 1.024 kB; Maßeinheit (MB)
1 Giga Byte
1 GB sind 1.024 MB; Maßeinheit (GB)

CISC
Complex Instruction Set Computer, Computer mit komplexem, vielseitigem Befehlssatz, sie sind dafür aber langsamer. Beispiele sind übliche Rechner im DOS- und Macintosh-Bereich.

9.1 Glossar

dpi
dots per inch (Punkte pro Zoll). Ein Maß für die lineare Adressierbarkeit eines Laserdruckers oder Recorders. Zum Vergleich: 300 dpi sind ungefähr 11 Punkte/mm.

Ethernet 100/ T-base 100
Eine Weiterentwicklung des bekannten Ethernet für Inhouse Netze. Wird häufig über preiswerte verdrillte Telefonkabel oder Koaxialkabel verwendet. Erlaubt Übertragungsraten bis 100 Mb/s.

FDDI
Steht für Fiber Distributed Data Interface. Eine sehr schnelle Kabelverbindung auf Glasfaserbasis zur Erzielung von höchsten Durchsatzraten > 100 Mb/s.

Firewire(1394)
Ein neuer Standard für die schnelle Datenübertragung vom und in den Computer. Firewire wird vermutlich in Kürze alle SCSI Lösungen ablösen. Mit einer Datenübertragungsrate bis zu 400 Mb/s, das sind immerhin 50 MB/s, und Steigerungsmöglichkeiten bis zu 1.600 Mb/s, das sind 200 MB/s, hat diese serielle Verbindung alle Chancen SCSI abzulösen. Zumal bis zu 63 Peripheriegeräte mit einem dünnen, sechs drähtigem Kabel über eine Baumstruktur miteinander verbunden werden können.

HUB
Eine Art Datensammelstation oder Datenknoten zur Verteilung von mehreren Datensträngen auf einen Ein-/Ausgang am Server.

LASER
Light Amplification by Stimulated Emission of Radiation; Lichtverstärkung durch angeregte Aussendung von Strahlung; eine künstliche Lichtquelle mit besonderen Eigenschaften, wie der Monochromasie, der Kollomation und der Kohärenz.

OPI
Kurzbezeichnung für Open Prepress Interface. Ein Standard-Protokoll zur getrennten Bearbeitung und Verwaltung von Grob- und Feindaten.

OS
Operating System; (deutsch: Betriebssystem); DOS = Disk Operating System; MS-DOS = Microsoft® Disk Operating System.

PIXEL
steht für Picture Element, d.h. für den kleinsten digitalen Bildpunkt, den eine Ausgabeeinheit erzeugen kann.

RAID-System
Redundant Array of Inexpensive Disks; redundantes Feld von preiswerten Festplatten. Eine Normung, um preiswerte Festplatten so miteinander zu verknüpfen, daß der Computer nur eine Festplatte sieht, diese aber körperlich aus mehreren Festplatten besteht. Zweck ist, ein höheres Maß an Datensicherheit zu erreichen, indem die Inhalte der einen Festplatte gespiegelt und damit automatisch doppelt oder mehrfach gesichert werden.

RAM
Random Access Memory, Begriff für den Arbeitsspeicher eines Rechners. Die Größe wird in MB (s. Byte) angegeben.

RIP
Raster Image Processor: Ein handelsüblicher Hochleistungs PC mit einer speziellen Software. Sie ermittelt aus der angelieferten PostScriptdatei, die nicht auflösungsabhängige Daten enthält, die Größe, Menge und Position der Bildpunkte (Pixel) die das angeschlossene Ausgabegerät benötigt.

RISC
Reduced Instruction Set Computer, Computer mit vereinfachtem Befehlssatz, dafür aber sehr viel schneller.

ROM
Read Only Memory, Begriff für einen Speicher mit festem Inhalt, z.B. einer CD (CD-ROM).

SCSI
Small Computer Systems Interface: Ein Schnittstellenprotokoll und -Hardware für eine schnelle Verbindung zwischen Prozessor und Peripherie; z.B. Festplattenlaufwerken. Die Datenstrombreite beträgt 8 Bit, die Taktfrequenz ist 5 Mhz.

Fast SCSI
SCSI mit doppelter Taktfrequenz von 10 MHz jedoch gleicher Datenstrombreite von 8 Bit. Etwa doppelt so schnell wie SCSI.

Ultra SCSI
SCSI mit doppelter Taktfrequenz von 10 MHz und vierfacher Datenstrombreite von 32Bit. Etwa acht- bis neunmal so schnell wie SCSI.

Wide SCSI
SCSI mit doppelter Taktfrequenz von 10 MHz und doppelter Datenstrombreite von 16 Bit. Etwa vier- bis fünfmal so schnell wie SCSI.

Server
Zentrale Datenspeicher und -verwaltungsstation. Der Server ist die Zentrale eines Netzes und wird i.a. vom leistungsfähigsten Rechner gebildet.

Taktrate
Schaltfrequenz, mit welcher der Prozessor arbeitet (Englisch: Clockrate).

3B-Platte 56
3M-Digital Match Print 163

Abschreibungsdauer 123
Acrobat 33, 179
Acrobat Destiller 115
Acrobat Reader 115
ADAST 107
Additiver Farbmischung 31
Adobe 55-56, 83, 85, 172, 182
Adobe Photoshop® 178
Adobe Color Central 154
Adressierbarkeit 23, 25-26, 69, 83, 85-86, 89, 101
Agfa 83, 86, 88, 94, 96, 108, 184
Agfa/Strobbe 76
AIX (UNIX) 155
Akusto-optisch 72-73, 78
ALDUS 162
ALDUS Presswise 58
ALPHA 198
Amplitudenmodulierte Schwingung 18
Analytische Geometrie 36
Apple 182-184
Appletalk 153
Arbeitsplatzflexibilität 192
Arbeitsschritte 115
Arbeitsspeicher 53
Argon-Ionen-Laser 67, 96
Äther 8
ATM 208
Atommodell 9
Audio CD 203
Auflagenstabilität 41-43, 48

Auflösung 22-23, 25-27, 41-43, 47, 53, 55-56, 62, 69-70, 81, 86, 101
Auftragsstruktur 133, 135
Aufwärmprozeß 48
Ausbelichten 50
Außentrommellösung 71
Ausschießen 49, 118

Backup 89
Banding 92-93
Barco Graphics 76
Basys 84
Belichterübersicht 103
Beratung 122
Bildinformation 158
Bipolarzellen 29
Blaupause 117
Brennfleck 70

CD-i 203
CD-ROM 40
Checklist® 147, 180
Chromapress 61
Chrominance 158
Chromos 145
CIE-1931-Farbmodell 183
CIP3 61
ColorCentral 56
Colorsense® 184
ColorSync® 183
Computer to Press 61
CREO 71-72, 78, 80, 82-83, 99, 106-107
Crescent 42 85
Crosfield/Dupont CELIX 85

9.2. Stichwortregister

Crosfield 76
CTP-Plattensysteme 41
CTX-Platte 43

DAT 121, 151
Datenkompression 157, 207
Datenmengen 51-53
Datenstrombreite 205
DEC 179
DEC Alpha 85
Dichroitische Spiegel 73
Digital Audio Tape 151
Digital-Proof-System 53
Digital Versatile Disc 203
Digitale Bildbearbeitung 137
Digitale Farbe 137
Digitale Rasterung 17
Digitale Satzbearbeitung 137
Digitaler Proof 50, 54, 159
Digitales Ausschießen 137, 141
Digitales Proofing 137
Digitales Überfüllen/Unterfüllen 141
Direktbelichtung 57
Display 60
Doppelprozessorsysteme 147
Drehspiegel 69
Dreh-Umlenkspiegel 68
Druckanweisungen 173
Druckfarben 31
Druckmaschinenkennlinien 137
DVD 203

E 1000 61
EFI Color® 184
Einsparpotential 127
Einzelseiten 125
Elektrofotografische Druckwerke 161
Elektromagnetische Felder 8
Elektronen 9
Elektronische Druckvorstufe 49
Elliptische Verformung 75
Energie 10
Energieunterschied 76
Energieverteilungskurve 24
EPS-Format 40
ePScript® 55, 115, 178
Eskofot 107, 169
Ethernet 52
Ethernet 100 52
Externe Berater 131

Farb-/Wasserbalance 42
Farbdreieck 30
Farbseparierung 34
Farbstoffsimulationsverfahren 162
FDDI 52
Fehlinvestitionen 129
Festplatten 53
Filmverbrauch 122
Finanzmittel 133
Flachbettlösung 74
Flachbettmaschine 74, 84, 86
FM-Raster 21
FOGRA 182
Folienwechsel 198

Form-Faktoren 209
Formate 80
Formate bis 560 x 711 mm 86
Formate bis 813 x 1.067 mm 85
Formate bis 1.040 x 1.920 mm 83
Formate bis 1.400 x 1.700 mm 80
Fotomultiplier 165
Fotopolymere 41
Fraktale Kompressionsmethode 158
FrameMaker 164
Freehand 179
Frequenzmodulation 21
Frequenzmodulierte Raster 20
Führungsssschiene 69

Gerber 66, 68-70, 76, 85-87, 99, 106-108
Gesamtdurchlaufzeiten 56
Glasfaserbündel 198
Granitbett 81
GTO-Format 87, 198
Gutenberg 70, 85, 107

Halbtonbilder 166
Harlequin 83, 85, 108
Harlequin RIP 83
Heidelberger Druckmaschinen 198
Helios 154
Ewald Hering 29
Hochleistungsserver 145
Horsell 83
Howson 83, 94

Human Capital 131
Hybrid 141-142
Hybride Systeme 140
Hydrophil 42
Hydrophob 42

IBM 155
IFRA 184
Illustrator 179
Imposition-Publisher 58
Impostrip® 58, 174
Incremeg® 151
Indigo 61
Infrarotbereich 48
Innentrommelbelichtungsprinzip 66
Innentrommelprinzip 66, 71
Internet 40, 63
Investition 114
IOMEGA 150
IR Thermal 2919 98
ISDN 153
Island Graphics 176
IslandTrapper® 176
ISO 9600 203

JAZ 150
JPEG 158

Kalibrierung 82, 184
Kissenverzeichnungen 89
Kleinformate 87
Know-how 137
Kodak 47, 54, 94, 98-99, 106, 182, 184
Kodak-Approval 163
Kohärenz 13
Kollimation 13

9.2. Stichwortregister

Komplementärfarben 29
Kopiermaschine 84
Kopierrahmen 48
Krause Biagosch 70

LAN 152
Laser 7, 11, 13-14, 16, 20, 24-25, 38-39, 41, 45-46, 48, 55, 57, 65-67, 69-75, 77, 81-83, 86, 88, 90-92, 108
Laserdiode 86
Laserdrucker 53
Laserlicht 7
Last-Minute-Korrekturen 141
LAT98
Leitungsgeschwindigkeit 129
Lichtventilmatrix 84
Linotype-Hell 70, 85, 99, 107, 172
Lithosetter III 76
Lithosetter V 76
Lithostar 95
Lithovorlagen 167
LS 100 76
Luminance 158

Mac-Workstation 52
Magneto-optische Laufwerke 53
Markierungen 118
Maschinenraster 93
Meßkeile 118
Microsoft 179, 182
Misomex 83, 106-107, 173
Mittelhaus 103
MO-Plattenspeicher 209
Moiré-Muster 19

Monochromasie 13
Monotype 85
MountainGate® 151
N 90 42, 86
Nennübertragungsrate 153
Netz 152
Netzprotokoll 153
Netzwerktechnologie 207
Netzwerkverbindung 129
NeXT 179
NextStep® 60, 179, 172
NOMAI 53
Nutzungsgrad 123

Offsetplatten 41
OneVision GmbH 55, 115, 178
Online entwickeln 119
Open Prepress Interface 154
OPI 154
OPIXControl 56
Optische Platten 121
Optotech 87
Optronics 83
Origami 173

PageMaker® 147, 172, 178-180, 164
Pagemaster von CREO 56
Parallelisierung 205
PARC 34
Parsytec 206
Passer 118
Passermarken 173
PDF 33, 40, 179
Pentium 52
Personen-Minuten 126
Phasenwechsel 48, 95
Photo CD 203

Photon 10
Photoshop® 147, 176, 179
Physikalische Auflösung 168
Plattenarray 151
Plattenbelichter 55, 60
Plattenkante 69
Plattenverbrauch 122
Platzkostenrechnung 113
Polaroid 98
POLYCHROME 48, 66, 83, 94, 97-98, 107-108
Polygonspiegel 75, 77-78, 81, 91
Positionierbarkeit 168
PostScript 33-40, 52, 54-56, 59-60, 172, 179
PostScript Level 2 34
Presswise 2.5® 172
Programmiersprache 35
Proof-Belichter 159
Proof-Drucker 182
Proof-RIP 54, 160
Proof-System 161
PROSETTER 84
Prozeßschritte 56, 61, 126
Purup 148

Quantum 94
QuarkXPress® 54, 147, 164, 172, 176, 179
Quickmaster DI 61, 197-198

RagTime® 147
RAID 155
RAMPAGE RIP® 176
Rasterung 17, 19
Rasterweite 27, 77, 101
RAYSTAR 86

Recorder 51, 54-55, 59
Redundant Array of Inexpensive Disks 155
Retouche 116
Return on Investment (ROI) 125-126
Ring 152
RIP-Konzept 149
RISC 155
RISC-Prozessor 52

Scanner 51, 165-167, 169, 175, 182-183
Scanraten 165
Schneidanweisungen 173
Schriftmodifikationen 181
Schwarzweiß-Proofs 159
Scitex 86
Scitex Autoframes® 176
Scitex-Iris 54, 163
SCREEN „Platerite" 85
Seitenbeschreibungssprache 35
Server 154-155
Signa-Station® 172
Signaturen 173
Silber 42
Silberhalogenid 46
Silberlithplatte 45
Silicon Graphics 182
Silverlith 95
Spektrale Empfindlichkeit 95
Spindel 69
Standardisierung 182
Standbogen 117
Standort 133
Start-Stop-Betrieb 39
Stern 52

9.2. Stichwortregister

Steuerrechner 47
Strahlung 11
Strichlisten 132
Strichraster 17
Strichvorlagen 167
Strobbe 88, 108
Subtraktiv 31
Subtraktive Farbmischung 32
SUN MicroSystems 52, 85, 179, 182
Syquest®-Wechselplatten 53

Taktfrequenz 205
Thermoplatte 47, 95
Thermotransferdruckwerke 162
Thetalinsen 75
Tintenstrahldruckwerke 161
Tonwertumfang 27
Topologie 152
Transferzeit 119
Transit 194
Trapping 57
Trappingprogramme 175
Trappit® 176
Trappwise® 147, 176

Überfüllen/Unterfüllen 49
UGRA 201
Ultimate® 173-174
Ultra Sparc 50, 179
UNIX® 155, 179, 148, 170
UV-Bereich 48

Valenzbändern 12
Ventura Publisher® 164, 178
Verläufe 93
Verlustbehaftete Kompression 158
Verlustfreie Kompression 157
Versitec 78, 88, 91, 108
Very large Format 80
Verzerrungen 190
Video-RAM 53
Vierfarb-Proofs 161
VLF 80, 83
Vollkosten 123
Vorstufen-Dilemma 139

Wärmeprozeß 100
Wellenlänge 12
Windows NT 155
Winkelgeber 69
Wirtschaftlichkeit 113
Word® 147
Workstation 51-53, 60
WYSIWYG 60

X-tensions 180
Xeikon 61
XL 4000 83

Zäpfchen 29
Zentralspeicher 207
Zwischenspeicherung 120, 149
Zwitterlösungen 142

MISOMEX *digital*

Ihr logischer Schritt in die Zukunft

Die einzigartige CTP-Anlage die 100% digital arbeitet oder Filme und digitale Daten auf einer Druckplatte kombiniert.

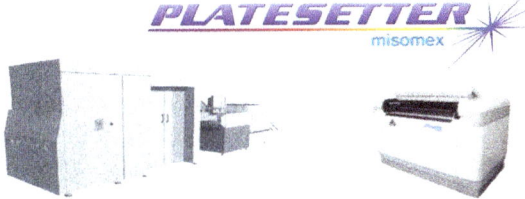

Platesetter 5040, die vollautomatische CTP-Anlage für Platten bis zum 6er-Format

Platesetter 5570, semi-automatische Anlage für Platten bis zum 7er-Format

Platesetter 3545 M und 3545 A, für Platten und Filme bis zum 3B-Format, wahlweise mit oder ohne Plattenhandhabung

Misomex Vorstufe

Misomex bietet zu Ihren digitalen Produkten passende Vorstufensysteme vom kommerziellen Druck bis hin zum Verpackungs- und Etikettendruck.

Misomex GmbH
Postfach 20 12 27, 63272 DREIEICH
Tel: 06103 6098-0   Fax: 06103 64090

MISOMEX

"Innovative Produkte für den digitalen Workflow in der Druckindustrie finden Sie bei Chromos!"

Digitale Kameras, schnelle Scanner zur Digitalisierung von Anzeigen und fertigen Seiten, Server, Archivsysteme, Datenübertragungssysteme, RIPs, Belichter für Film und Druckplatte und weitere Produkte für den digitalen Workflow bieten wir Ihnen in Zusammenarbeit mit unseren Herstellerfirmen.

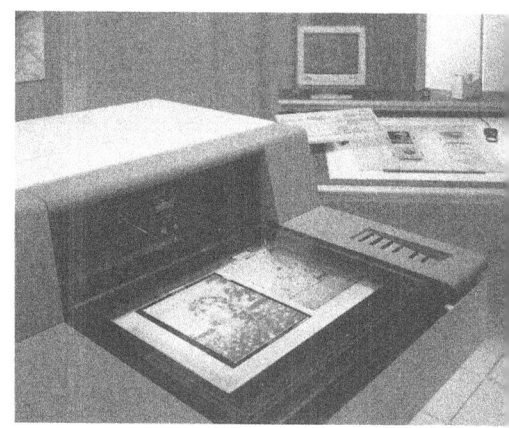

Beratung, Verkauf, Anwendungstechni und Service in ganz Deutschland au einem Haus

Was ist CopyDot?

CopyDot ist der Begriff für die optimale Lösung zur Integration von separierten Filmen in den digitalen Arbeitsprozeß. Dadurch werden kosten- und zeitaufwendige Arbeiten am Leuchttisch vermieden. Mit CopyDot wird die Punktstruktur der Vorlage präzise und verlustfrei digitalisiert und kann damit in die elektronische Ganzseite eingefügt werden. Dies ist besonders wichtig, wenn die fertigen Seiten auf großformatigen Filmbelichtern, Computer-to-plate-Systemen oder digitaler Druckmaschinen ausgegeben werden.

Wir bieten mehr

 **Chromos**-Chempak

Jetzt können Sie endlich das machen, was Sie schon immer mit einem Server machen wollten.

Ignorieren Sie ihn.

Stellen Sie sich vor, Sie könnten selbst einen idealen Server bauen? Wie sähe er aus? Wahrscheinlich würden Sie ihn extrem zuverlässig machen. Mit redundanten „hot-swappable" Festplatten und Netzteilen. Sie würden ihn besonders ausbaufähig machen, so daß man ihn mit bis zu 85 Festplatten ausrüsten kann. Sie würden ihn extrem schnell machen. Mit einem Hochleistungsprozessor und schnellen Datenleitungen versehen, damit er all diesen Erweiterungen gewachsen ist. Sie würden ihn so bauen, daß er den Ansprüchen von Unternehmen im Wirtschafts- und Ausbildungsbereich gerecht wird, wo Hunderte von Windows-, Unix- und Macintosh-Usern nach immer schnellerem Zugang und größeren Dateien verlangen. Sie würden ihn so konzipieren, daß das AIX Betriebssystem von IBM darauf laufen kann. Und aus Sicherheitsgründen würden Sie ihn so bauen, daß man alle wichtigen Teile – inklusive der Hauptplatine – in weniger als einer Minute ausbauen und ersetzen kann. Eines Tages würden Sie sich alle diese Wünsche erfüllen: Sie würden ihn bauen, ihn anschließen, und dann würden Sie endlich nicht mehr über einen idealen Server nachdenken müssen. Sollte all das genau Ihren Vorstellungen entsprechen, dann ist das kein Zufall. Denn wenn bei Apple ein neuer Server gebaut wird, dann fragen die Ingenieure bei Apple Menschen wie Sie. Mehr über die Apple Netzwerk Server erfahren Sie im Internet unter *http://www.apple.de*

Netzwerk Server 700

HIGH-TECH-ENTWICKLUNGSMASCHINEN

◆

SPEZIELLE TAUCHBAD-REGENERIERUNG
KEINE ENTWICKLUNGSSCHWANKUNGEN

- Thermo-Entwicklungsmaschinen für Computer-to-Plate-Bearbeitung
- Frequenz-Raster-Entwicklungsmaschinen
- Wasserlos-Entwicklungsmaschinen
- Druckplattenverarbeitungsstraßen
- Einbrennöfen, horizontal und vertikal
- Druckplattenauswaschanlagen
- Belichten im Durchlaufsystem
- Computer-to-Plate-Beratung

Ihr Fachhändler und Herr Hanosek beraten Sie gerne!

Techno-Grafica GmbH

Grafische Systeme · Forschung, Entwicklung, Konstruktion und industrielle Herstellung

Techno-Grafica GmbH Dieselstraße 5 75236 Kämpfelbach	**Produktion und Service** Telefon 07232/1667 Telefax 07232/6050	**Verwaltung und Verkauf** Telefon 07231/8761 Telefax 07231/8762

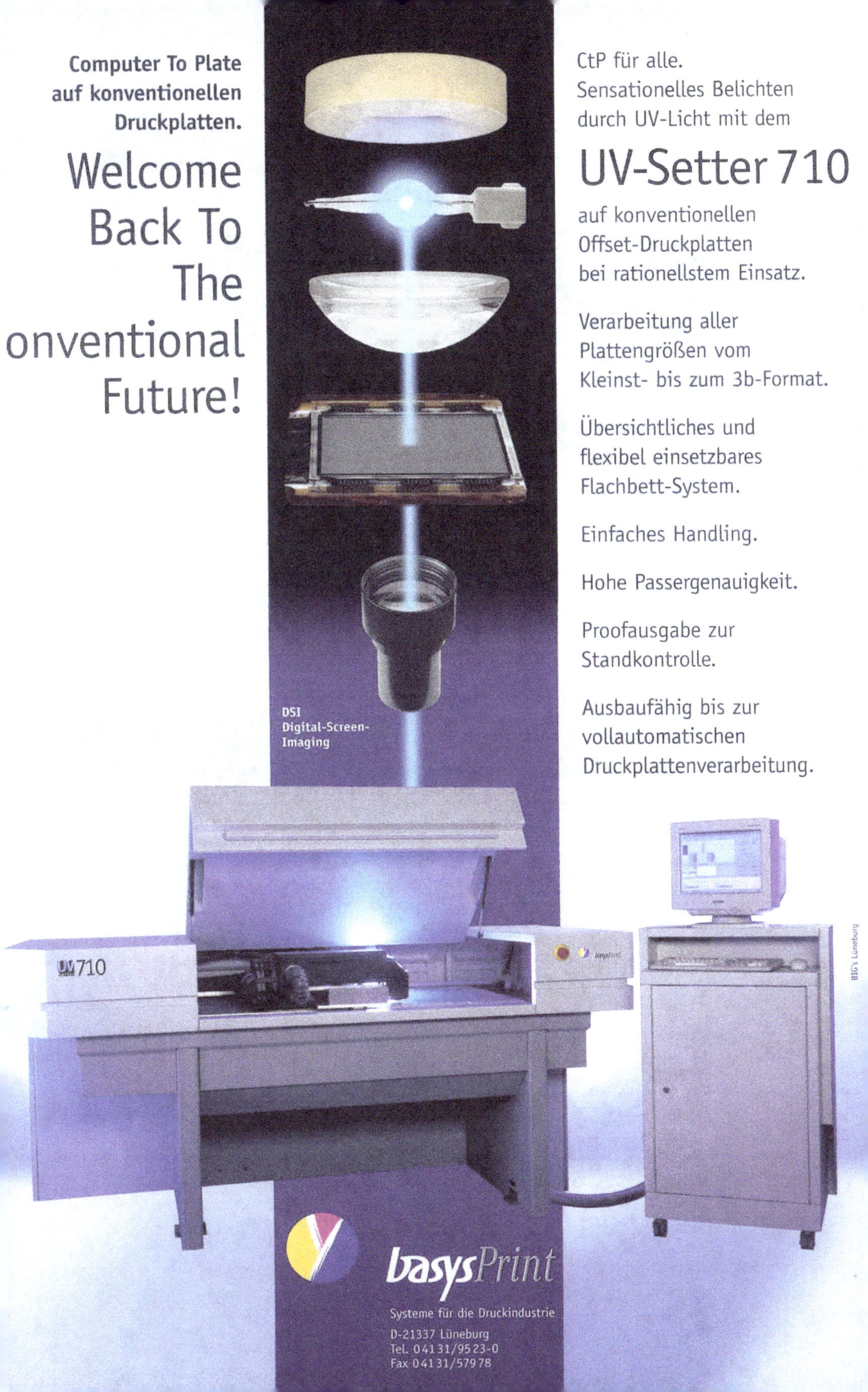

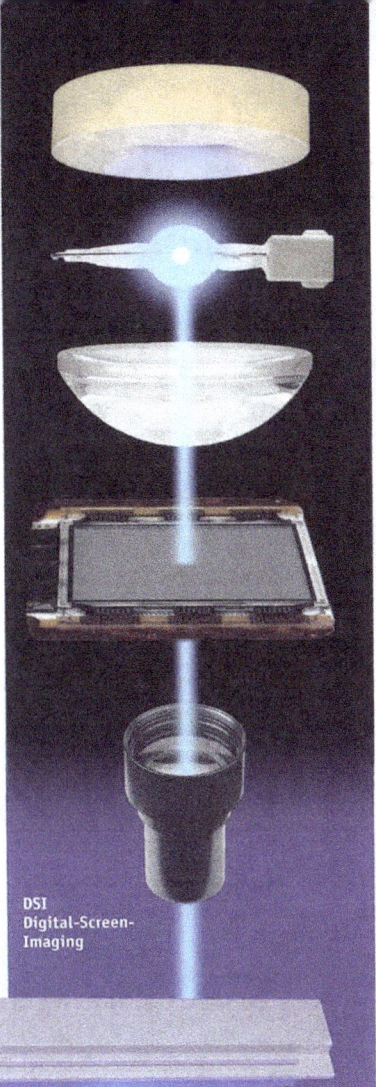

Computer To Plate
auf konventionellen
Druckplatten.
Welcome
Back To
The
onventional
Future!
CtP für alle.
Sensationelles Belichten
durch UV-Licht mit dem
UV-Setter 710
auf konventionellen
Offset-Druckplatten
bei rationellstem Einsatz.
Verarbeitung aller
Plattengrößen vom
Kleinst- bis zum 3b-Format.
Übersichtliches und
flexibel einsetzbares
Flachbett-System.
Einfaches Handling.
Hohe Passergenauigkeit.
Proofausgabe zur
Standkontrolle.
Ausbaufähig bis zur
vollautomatischen
Druckplattenverarbeitung.
DSI
Digital-Screen-
Imaging
UV 710
basysPrint
Systeme für die Druckindustrie
D-21337 Lüneburg
Tel. 04131/9523-0
Fax 04131/57978
BIG's Lüneburg

Take Offset:
DPX-420
Computer-to-Plate

ESKOFOT

Oehleckerring 11a, 22419 Hamburg
Tel. (040) 5 32 20 31 · Fax (040) 5 32 32 52

EDITION +++ PAGE +++ DAS MAGAZIN ZUR EDITION +++ PAGE

PAGE – Kreation und Produktion digital

Die Monatszeitschrift zu Techniken und Trends in der visuellen Kommunikation

■ Zu den wichtigsten Aufgaben in unserer Kommunikationskultur zählen die Produktion und die grafische Gestaltung von Medien. Darüber berichtet PAGE. Unabhängig vom Rechnersystem und aktuell informiert Sie PAGE über computergestützte Werkzeuge, Trends und Methoden in der visuellen Kommunikation: vom Layoutprogramm bis hin zur digitalen Druckmaschine, von digitalen Schriften bis hin zum Online-Medium, von der digitalen Kamera bis hin zum Repro-Scanner. PAGE ist die Schnittstelle zum elektronischen Publizieren – für erfahrene, gestaltungsinteressierte PC-Anwender oder für Computereinsteiger und -profis aus den Bereichen Grafik, Produktion, Satz, Gestaltung, Illustration, Reprographie, Fotografie und Druck.

Trends und Trendmacher
Damit Sie wissen, was läuft. „Publisher" zeigt interessante Ideen rund ums Publishing und die Leute, die sie umsetzen, „Branche", der Wirtschaftsteil in PAGE, informiert über Hintergründe der Publishing-Branche.

DITION +++ PAGE +++ DAS MAGAZIN ZUR EDITION +++ PAGE

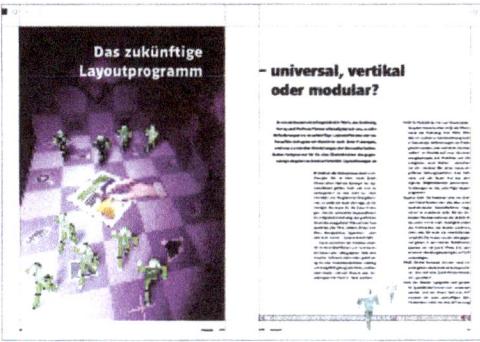

Themen und Thesen

Damit Sie mitreden können. PAGE-Titelgeschichten weisen den Weg in die Zukunft und regen zum innovativen Einsatz des Computers in Gestaltung, Kommunikation und Medienproduktion an.

Visionen und Versionen

Damit Sie mit neuen Softwares effizienter arbeiten. In „Programme" sagen wir Ihnen alles über neue Softwares und testen deren Eignung für Gestaltung und PrePress-Produktion.

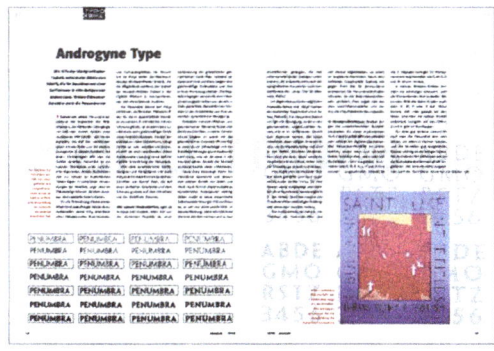

Typo und Design

Damit Sie neue Ideen für sich nutzen können. „Gestaltung" bringt Sie in Sachen Typo auf Stand, diskutiert Themen der visuellen Kommunikation und liefert Step-by-step-Anleitungen zu raffinierter Gestaltung am Computer.

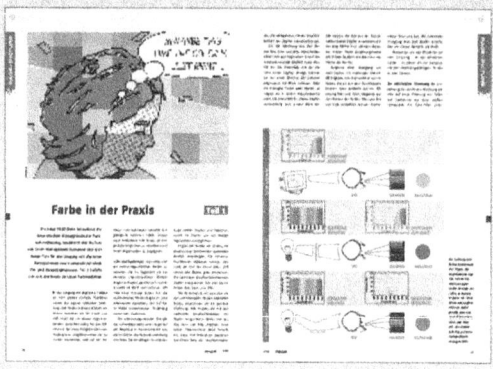

Service und Praxis

Damit Sie reibungslos und kostengünstig produzieren. „Service" verrät Ihnen Tips und Tricks, auf daß Sie reibungsloser produzieren und das Maximale aus Ihrem System herausholen. „Service" ist die Schnittstelle zwischen Kreation und Produktion.

Tests und Beratung

Damit Sie sinnvolle Investitionsentscheidungen treffen. Kompetente PAGE-Autoren unterstützen Sie in „Systeme" bei der Gerätewahl und testen praxisbezogen interessante neue Produkte vom Scanner bis zum Drucker, die Ihnen den Arbeitsalltag erleichtern.

PAGE. Das Probeheft für Sie!

Fordern Sie noch heute ein Ansichtsexemplar von **PAGE** an – kostenlos und unverbindlich.
Sie sollten uns kennenlernen.
Fordern Sie aus diesem Grund umgehend Ihr persönliches Ansichtsexemplar einer aktuellen PAGE-Ausgabe an. Sie brauchen bei Ihrer Bestellung nur den Titel dieses Buchs zu vermerken, und schon geht bei uns die Post ab – mit Ihrem Probeheft von PAGE.

Schreiben Sie (Brief oder Postkarte) an

**MACup Verlag GmbH
Leverkusenstraße 54
22761 Hamburg**

Bitte übermitteln Sie uns Ihre genauen Absenderangaben (Name, Straße, Ort und Telefonnummer), damit wir Ihre Bestellung korrekt und zügig bearbeiten können. Vielen Dank.

Wir wollen unsere Computerbücher noch besser machen!

Das können wir aber nur mit Ihrer Hilfe. Deshalb möchten wir Sie bitten, die Karte ausgefüllt an uns zurückzuschicken. Alle Kommentare und Anregungen sind willkommen.

Herzlichen Dank für Ihre Unterstützung.

[you]

Enter Springer. Enter Solution.

[sir]

user

Was erwarten Sie von unseren Computerbüchern, und wie werden Ihre Erwartungen erfüllt?	Bitte geben Sie an, wie wichtig für Sie die Kriterien sind.					Bitte vergeben Sie Noten, wie dieses Buch Ihre Erwartungen erfüllt.				
	sehr wichtig				unwichtig	sehr gut				unzureichend
	1	2	3	4	5	1	2	3	4	5
wertvolle Hinweise für die Lösung konkreter beruflicher Aufgaben	☐	☐	☐	☐	☐	☐	☐	☐	☐	☐
ausführliche Darstellung neuer Theorieansätze	☐	☐	☐	☐	☐	☐	☐	☐	☐	☐
Fortbildung über das Tagesgeschäft hinaus	☐	☐	☐	☐	☐	☐	☐	☐	☐	☐
einen schnellen Überblick über neue Produkte und Verfahren	☐	☐	☐	☐	☐	☐	☐	☐	☐	☐
nützliche Computersoftware auf einer beiliegenden Diskette/CD-ROM	☐	☐	☐	☐	☐	☐	☐	☐	☐	☐

Springer
Computermedien

Enter Springer. Enter Solution.
Internet: http://www.springer.de

[you]

[sir]

user

Michael Limburg: Der digitale Gutenberg

Absender

Name

Straße

PLZ/Ort

Wofür nutzen Sie dieses Buch?

☐ Berufliche Weiterbildung — Branche

☐ Studium — Fach .... Semester

☐ Privat

Antwortkarte

An
Springer-Verlag
Product Manager, Planung Informatik
Tiergartenstraße 17

D-69121 Heidelberg

Bitte freimachen
falls Briefmarke
zur Hand.

GPSR Compliance

The European Union's (EU) General Product Safety Regulation (GPSR) is a set of rules that requires consumer products to be safe and our obligations to ensure this.

If you have any concerns about our products, you can contact us on

ProductSafety@springernature.com

In case Publisher is established outside the EU, the EU authorized representative is:

Springer Nature Customer Service Center GmbH
Europaplatz 3
69115 Heidelberg, Germany

www.ingramcontent.com/pod-product-compliance
Lightning Source LLC
Chambersburg PA
CBHW070855270426
43749CB00072B/174

9783540612049